사이언티픽 게이머즈

사이언티픽 게이머즈

초판 1쇄 발행 | 2021년 6월 28일
초판 3쇄 발행 | 2022년 7월 25일

글·그림 | 김명호

펴 낸 이 | 한성근
펴 낸 곳 | 이데아
출판등록 | 2014년 10월 15일 제2015-000133호
주   소 | 서울 마포구 월드컵로28길 6, 3층 (성산동)
전자우편 | idea_book@naver.com
페이스북 | facebook.com/idea.libri
전화번호 | 070-4208-7212
팩   스 | 050-5320-7212

ISBN 979-11-89143-23-7 (03400)

게임으로 읽는 과학

사이언티픽 게이머즈

Scientific Gamers

글·그림 김명호

BANG!

이데아

들어가는 글

이걸 가장 먼저 명확히 말해야겠다. 이 책은 게임을 평하지 않는다. 게임평론가를 비롯해 많은 블로거, 유튜버들이 게임에 대한 저마다의 비평을 풀어놓는 지금, 깜냥도 없는 나까지 한마디 덧붙일 필요는 없을 것이다. 나는 이 책에서 게임의 재미있고 없음을 이야기하지 않으며, 그렇기 때문에 여기서 언급한 게임이라고 작품성이나 재미가 보장된 건 아니다. 물론 나도 만화를 그리기 위해 재미없는 게임을 억지로 하는 고행을 자처하지는 않았다. 다만 어디까지나 내개인적인 게임 취향일 뿐이라서 여러분도 재미있을 거라곤 장담할수 없다. 그러니 이 책만 믿고 게임을 샀다가 재미없다고 울고 짜고보채며 항의해도 어쩔 도리가 없다. 이 책은 작품성을 비평하려는 목적에서가 아니라 과학이라는 시선을 통해 게임에서의 또 다른 재미를 찾고자 기획한 것이다. 진부한 문장으로 정리하면 '게임을 즐기는 또 다른 방법'이랄까?

소싯적, 똑같은 영화와 책을 두고도 기막힌 해석을 내놓은 이들을 선망의 눈으로 바라보곤 했다. 같은 것을 보았는데 왜 나는 저런게 보이지 않을까? 나중에서야 그것이 앎에서 비롯된다는 것을 깨달았다. 영화도, 책도, 세상도 아는 만큼 보인다. 그리고 게임도 마찬가지다. 앎은 다른 차원으로 열린 창문이다. 앎이 깊고 넓을수록, 볼 수 있는 풍경의 차원도 증가한다. 그것은 마치 증강현실(AR) 같은 것일 게다. 예를 들어, 게임의 재미만을 찾는 이에게는 이 책에서 소개한 셜록 홈스 게임(276쪽)은 느리고, 지루하며, 구식처럼 느껴질 것이다. 하지만 19세기 런던의 모습에 관심이 있었던 내게는 매우 흥미로운 게임이었다. 내가 볼 수 있는 풍경의 깊이가 깊어지면 세상과 삶은 더 즐겁고 풍요로워진다.

앎은 책상머리에 앉아서 책을 파는 것만 뜻하는 건 아니다. 몸으로 느낀 체험 또한 앎이라 볼 수 있다. 이러한 체험에는 취미나 여가 활동도 포함된다. 우리는 취미를 소중한 시간을 낭비하는 것인 양 죄악시하지만 삶을 풍요롭게 만들어 주는 가장 중요한 시간이다.

그림을 그리는 내가 과학을 공부할 책임도 의무도 없었다. 그저 세상에 대한 호기심으로 과학의 문을 두드렸고, 이후로 줄곧 과학은 취미였다. 하지만 과학이라는 하나의 창문이 열리자 내 눈에 비치는 세상의 모습은 달라졌다. 심지어 과학은 이렇게 게임에서도 나만이 보고 느낄 수 있는 재미를 선사했다. 새로운 눈을 준 건 게임도 마찬가지다. 게임 또한 내 인생을 풍요롭고 즐겁게 만들어 준 '앎'이다. 게임이 보여준 상상력은 내 그림의 원천이 되어 왔다.

내가 처음 게임과 연을 맺은 것은 1980년대 후반인 초등학교 5학년 즈음이었다. 운 좋게도 일본에서 살다온 친구의 집에서 아직 국내에 출시되지 않았던 닌텐도의 패미컴 게임기를 접할 수 있었다. 그것은 커다란 문화적 충격이자 내 인생에서 게임이라는 세상으로

문이 열리는 순간이었다. 그로부터 5년이 지난 후에야 간신히 부모님을 설득해 중고 패미컴 게임기를 살 수 있었지만, 그전부터 매월 게임 잡지를 꼬박꼬박 사서 공략집을 소설처럼 읽으며 머릿속으로 게임을 즐기고 있었다. 그랬기에 게임을 만드는 개발자나, 직업으로서 게임을 할 수 있는 게임 기자가 내 장래 희망 중 하나였다는 것은 그리 놀라운 일이 아니다. 비록 지금 게임 업계에 몸담고 있지는 않지만, 뜻밖에도 돈을 받으며 게임을 하는 꿈은 20년이 지나서 이룰 수 있었다. 엔씨소프트는 게임과 관련한 새롭고 가치 있는 콘텐츠를 원했고, 과학 만화가로 활동하던 나는 게임과 과학을 접목한 '사이언티픽 게이머즈'를 제안했다. 그렇게 2015년부터 2020년까지 다섯 시즌, 총 54편의 연재가 이어졌다. 이 책은 그중 39편을 선별해 엮은 것이다. 이런 낯선 소재의 만화를 세상에 선보일 수 있었던 것은 전부 엔씨소프트 덕분이다. 또한 '지금 게임하는 게 아니라 일하고 있는 거야'라고 꿈에 그리던 대사를 아내에게 당당히 할 수 있었던 것도. 꿈은 이루어졌다.

고고학

정신의학

과학사

과학 기술

아날로그 게임의 과학

의학

인류의 미래를 가로막는
가상현실 멀미

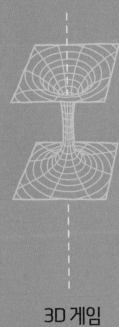

3D 게임

멀미. 그것은 인간을 땅에 붙잡아 놓으려고 채워 둔 신의 족쇄였다. 배와 말을 비롯해 비행기에 이르기까지 인류가 대지에서 두 발을 뗄 때마다 신은 가차 없이 그들의 속을 뒤집어 놓았다.

15

그 토사물 속에서도 인류는
자연을 정복하고, 문명을 세우고,
위대한 통찰을 얻었다.

이제 인류는 현실 세계를 넘어
가상현실의 세계로 도약을 꿈꾸고 있다.

생명은 진화한다.

우웩—

그러자 이번에도 어김없이
우리는 멀미라는 메슥거리는 벽과
마주하게 되었다.

초창기 게임은 컴퓨터 화면 너머의 조잡한 모래 놀이터에 불과했다.

투투두— 콰쾅!

으악—

펑!

으~ 속이 이상한 느낌이네…
머리도 아프고…

우웁—

하지만 화면을 사람의 시야처럼 활용하는 1인칭 시점의 게임이 등장하면서 게이머들은
두통과 메슥거림을 호소하기 시작했다.

일명 사이버 멀미(cybersickness)라 불리는
이런 증상은 어차피 게임에 빠진 너드(nerd)들이나
겪는 곤혹스러운 증후군으로 치부할 수 있었다.

1992년 5월 5일 발매한 〈울펜슈타인 3D〉는
내가 처음 멀미를 겪은 게임이다.

그러나 가상현실의 등장은 사이버 멀미를
너드들만의 문제가 아닌 모두의 문제로
만들었다.

사이버 멀미는 1980년대 미 공군의
비행 시뮬레이터에서 파일럿들이 메스꺼움을
호소하면서 처음 세상에 알려졌다고 한다.

가상현실의 시작은 1968년에 3차원으로
정보를 표시하려는 시도에서 등장한
헤드마운트 디스플레이에서 찾을 수 있다.
그 후 수많은 난관을 헤치고 마침내
2016년을 기점으로 크게
대중화되었다.

음극선관(CRT)을 이용했던 초창기의
헤드마운트 디스플레이

이제 가상현실은 게임만이 아니라 사회 전반에 큰 변화를 불러올 기술로 주목받고 있습니다.

차를 구매하기 전에 시범 운전을 할 수 있는 가상현실 쇼룸, 앞으로 지을 건물을 미리 체험할 수 있는 가상현실 모델하우스 등 일상에서 활용 가능성은 무궁무진하다.

사이버 멀미의 가장 큰 문제는 마땅한 해결책이 없다는 것입니다.

이런 변화의 시대로 넘어가는 길목에서 맞닥뜨린 사이버 멀미는 가상현실 산업의 가장 큰 골칫거리로 떠올랐다.

현재 멀미의 원인으로는 몸으로 느끼는 감각(체성감각계)과 눈에 보이는 것(시각계), 균형감각(전정계) 사이의 정보가 서로 상충하면서 일어나는 일명 감각충돌론(sensory conflict theory)이 받아들여지고 있다. 사이버 멀미도 같은 이유로 일어난다고 여겨진다.

이 녀석이 못 먹을 것을 먹었나. 도대체 뛰고 있는 거야, 앉아 있는 거야? 우선 토하고 보자!

난 달리고 있어!

우웨엑!

난 앉아 있어!

하지만 여기서 한 발자국 더 들어가면 우리 앞에는 짙은 안개가 펼쳐집니다.

의학계는 아직도 멀미가 정확히 무엇인지 파악하지 못하고 있습니다.

멀미의 원인이 감각의 충돌 때문이라면 그것이 어째서 구토를 일으키는 걸까요?

이에 대한 설명으로 1970년대에 제시된 독 가설이 눈에 띈다. 독을 섭취했을 때 보통 감각 충돌 증상이 일어난다는 점에 착안해, 멀미는 독을 먹은 줄 알고 토해 내려는 신체 반응이란 주장이다.

우웩!

그러나 음식이나 화학약품을 먹고 구토를 일으키는 환자에게 처방하는 약물은 멀미 환자에게 효과를 보이지 않는다.

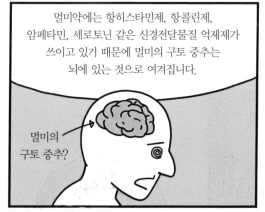

멀미약에는 항히스타민제, 항콜린제, 암페타민, 세로토닌 같은 신경전달물질 억제제가 쓰이고 있기 때문에 멀미의 구토 중추는 뇌에 있는 것으로 여겨집니다.

멀미의 구토 중추?

즉, 멀미 구토와 독에 의한 구토의 반응 경로는 다를 가능성이 높습니다.

멀미를 재현할 때 변수가 너무 많다는
점에서 멀미 연구는 더욱더 어려워진다.
동작의 유형, 빈도, 범위를 비롯해
상황과 개인 성향, 행위의 종류에 따라서도
결과가 달라진다.

어때요? 멀미가
나는 것 같습니까?

예를 들어, 상황을 통제한다고 의식하면
그렇지 않은 사람보다 멀미에 덜 취약한 것
같습니다.

분명 운전대를 잡고 있으면 그냥 좌석에
앉아 있을 때보다 멀미에 덜 시달립니다.

또 비슷한 상황에 자주 노출되면 멀미에
적응하는 것으로 나타났지만, 노출 횟수가
줄어들면 적응도 빠르게 사라졌습니다.

게다가 사이버 멀미는
일반적인 멀미와 같을까요?

사이버 멀미에서도 일부 사람들은 더 민감한 것으로 보인다. 연구에 따르면, 가상현실 기기 사용자의 25~40%가 멀미에 시달리는데, 그중에서도 여성이 더 민감한 것으로 나타났다.

제 아내는 심지어 옆에서 게임을 보는 것만으로도 멀미를 느낍니다.

왜 여성은 남성보다 VR 멀미에 더 민감할까요?

게임도 같이 못하게 말이야.

고작 그 이유냐!

수십 년간 멀미를 연구해 온 미네소타대학교의 토머스 스토프레겐(Thomas Stoffregen)은 그 이유를 불안정성으로 본다.

나는 멀미가 감각의 불일치가 아니라 몸의 균형을 회복하지 못해 일어나는 반응이라고 생각합니다.

가상현실에서 느끼는 멀미는 가상세계에서 몸이 균형을 잃었다고 판단하기 때문에 느끼는 것입니다.

자세 흔들림(postural sway)은 자세와 균형을 유지하려는 잠재의식적 운동이다.
그는 이를 측정한 데이터의 차이에 따라 멀미에 예민한 정도가 다르다는 것을 발견했다.

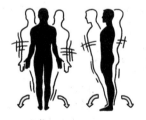

자세 흔들림 데이터를 살펴보면, 남녀 간에는 측정할 수 있을 정도의 차이가 관찰됩니다.

이것은 아마도 키와 중심 균형 같은 남녀 간의 신체적 차이 때문에 나타나는 것으로 보입니다.

사이버 멀미에서의 남녀 차이도 같은 이유에서 나타나는 것이라고 생각합니다.

위스콘신–매디슨대학교 심리학과의 바스 로커스(Bas Rokers)는 여성이 3차원 동작 인식에 더 민감하기 때문에 멀미를 더 잘 느낀다고 주장한다.

만약 당신의 감각이 당신에게 다른 정보를 제공하고 있다는 걸 스스로 인식할 수 있다면, 당신은 멀미를 느낄 가능성이 더 높습니다.

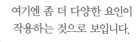

멀미에 대한 민감도 차이의 원인은 성별만이 아닙니다.

여기엔 좀 더 다양한 요인이 작용하는 것으로 보입니다.

아시아인들과 편두통 환자들은 멀미에 더 취약한 것 같다. 멀미는 유전되는 것으로도 보인다. 쌍둥이 모두에서 멀미가 관찰된다. 부모 모두 멀미를 할 때 아이들도 멀미를 하는 경향이 높았다. 2015년에는 차멀미와 관련한 35가지 유전자 변이를 발견했다는 논문이 게재되기도 했다.

나이도 멀미와 관련이 있는 것 같습니다.

유아는 일반적으로 멀미를 하지 않으며, 2세에서 15세까지 멀미에 대한 민감도가 증가하고 성인기에 많은 이들이 멀미를 호소한다. 그러나 나이가 들면 멀미에 둔감해진다. 이는 아마도 나이가 들어 신체적 민감도가 떨어졌기 때문인 것으로 보인다.

보스턴에 위치한 매사추세츠 안이 병원(Massachusetts Eye and Ear)의 의사 스티븐 라우치(Steven Rauch)는 멀미에 대한 개인의 민감도 차이를 동작을 처리하는 뇌의 용량 차이로 해석한다.

사람마다 능력이 다르듯, 복잡한 감각을 통합적으로 수행하는 운동 처리 능력에서도 사람마다 차이를 보일 것입니다.

가상현실 기술이 사회 전반에 걸쳐 점점 더 보편적으로 활용될 것은 분명해 보인다. 만약 업무에도 가상현실을 이용한다면 사이버 멀미는 단순한 불편함을 넘어서게 된다.

과연 우리는 신의 족쇄를 끊고 가상세계로 나아갈 수 있을까?

전염병 모델의
미래를 비추다

월드 오브 워크래프트

2005년 9월 13일.

오늘도 여느 때와 같이 화창한 2진법 날씨군~!

큭!

왜… 이 통증이 여기서…

푸악

전 세계에서 가장 많은 사람이 즐기는
온라인 게임인 블리자드사의 MMORPG
월드 오브 워크래프트(이하 워크래프트) 세계에
원인을 알 수 없는 치명적인 전염병이 빠르게
퍼져 나갔다.

대체 지금 무슨 일이
벌어지고 있는
겁니까?!

캐릭터들 사이에서 250~300의 피해가
지속되는 중독 상태가 퍼지고 있습니다.

그러한 특성은
줄그룹 던전의
보스 학카르의
'오염된 피' 스킬과
매우 유사합니다.

하지만 학카르의 기술은 그 던전 안에서만 유효하지 않습니까? 대체 어떻게 던전 밖에서도 유지될 수 있단 말이오!

저도 영문을 모르겠습니다. 그 이유가 무엇이건 간에 지금 문밖에선 시체가 산더미처럼 쌓이고 있습니다.

서버를 리셋하라~!

죽음은 걷잡을 수 없이 퍼져 나갔고, 블리자드는 문제가 되는 지역을 격리해 피해를 막으려 했지만 소용이 없었다. 결국 그들은 최후의 수단을 사용할 수밖에 없었다.

BLIZZARD →

한편, 일명 '오염된 피'라고 부르는 이 난리통을 흥미롭게 지켜본 이가 있었다.

이거 잘하면 좋은 연구 주제가 되겠는데.

안녕하세요~ 교수님, 로프그렌입니다. 제가 게임을 하다가 말이죠.

전염병에 대항하는 최고의 방법은 당연히 백신과 치료제의 개발입니다.

오~ 로프그렌, 연구는 언제 하려고 또 게임인가!

그게 아니고요…

하지만 언제, 어떤 전염병이 발생할지는 누구도 모르는 일이기 때문에 제때 대처하기란 불가능합니다. 신약 개발은 더더욱 힘들고요.

그래서 치료약 못지않게 중요한 것은 전염병의 확산을 예측하고 효과적으로 대처하는 것입니다.

이것은 훌륭한 누군가가 기막힌 판단력으로 열심히 잘하면 되는 일이 아니다.

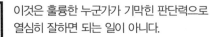

당장 북쪽으로의 이동을 통제하고, 모든 시설에 48시간 격리 조치를 내려라!

이를 위해 전염병 발생 상황을 가정하고 모의 훈련을 하기도 하지만, 특히 수학을 이용한 전염병 확산 모형을 만들어 빠른 예측과 올바른 판단의 기준으로 삼으려 노력하고 있다.

수학?! 수학은 돈 계산 할 때만 필요한 게 아니었어?

수학 모형은 현실을 단순화합니다.

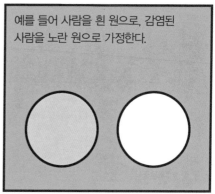

예를 들어 사람을 흰 원으로, 감염된 사람을 노란 원으로 가정한다.

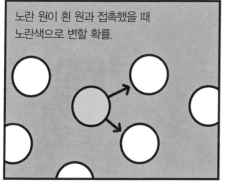

노란 원이 흰 원과 접촉했을 때 노란색으로 변할 확률.

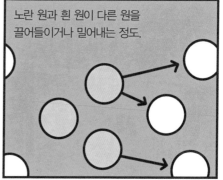

노란 원과 흰 원이 다른 원을 끌어들이거나 밀어내는 정도.

그 밖의 요소들을 수식화하면 노란 원이 주변의 흰 원을 모두 노란색으로 바꾸는 데 걸리는 시간을 손쉽게 알아낼 수 있다.

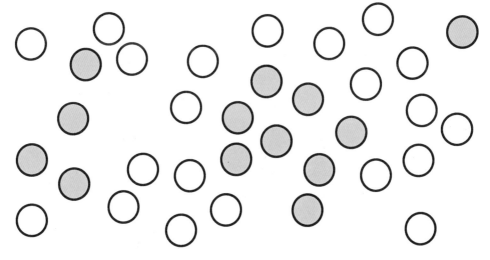

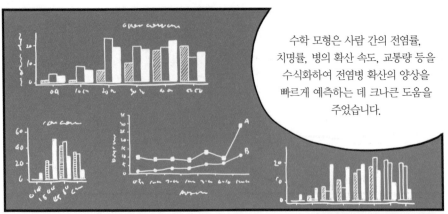

수학 모형은 사람 간의 전염률,
치명률, 병의 확산 속도, 교통량 등을
수식화하여 전염병 확산의 양상을
빠르게 예측하는 데 크나큰 도움을
주었습니다.

하지만 모형은 현실이 아닙니다.

모형은 복잡한 현실을
단순화한 것이기
때문입니다.

모형과 현실의 불일치에서 결정적 요인은 바로 인간 행동에 있다.

인간은 합리적이지 않습니다.

오히려 감정적이고 충동적이어서
종잡을 수가 없습니다.

나이와 성별뿐 아니라 교육 수준,
문화나 관습에 따라서도 행동과 선택에
큰 차이를 보입니다.

전염병의 확산과 대처에서 인간 행동은
피해를 키우거나 줄일 수 있는 중요한 요소인 데 반해
이처럼 사람들이 어떻게 반응할지 예측하는 것은
쉽지 않습니다.

인간 행동에 대한 데이터가
정확하지 않으면 실제 상황과
수학 모형의 격차가 커져
효용성이 떨어질 수밖에
없습니다.

'오염된 피' 사건에 역학자들이 주목한 이유는 최초로 가상의 바이러스 때문에 일어난 일련의 상황에서 사람들이 현실과 매우 유사하게 행동했기 때문이었다.

이 사건은 일부 플레이어가 시스템의 허점을 노려 던전 내에서만 유효했던 감염을 외부로 퍼트리며 시작되었다.

펫(pet)이 감염된다.

감염된 펫을 소환 해제 한다.

감염된 펫을 마을에서 소환한다.

펫이 NPC(Non Play Character)를 감염시킨다.

NPC는 죽지 않고 근처를 지나는 플레이어를 감염시킨다.

일부 감염된 플레이어가 다른 지역으로 이동한다.

그 지역 NPC를 감염시킨다.

이렇게 감염은 기하급수적으로 퍼졌다.

감염된 캐릭터는 지속적인 피해를 입었는데 이것은 레벨이 낮은 캐릭터에겐 심각한 타격이었지만 레벨이 높은 이에겐 감기 정도의 수준이었습니다.

감염된 레벨이 높은 캐릭터는 텔레포트로 다른 지역으로 이동해 낮은 레벨의 상대를 감염시키며 빠르게 확산시켰습니다.

이것은 실제로 무증상자나 가볍게 앓는 감염자가 비행기로 이동하며 전염병을 확산시키는 패턴과 유사했다.

플레이어들도 현실 세계에서와 비슷한 반응을 보였다.

소식을 듣고 빠르게 오염 지역으로 달려온 캐릭터.

동료를 회복시키느라 노력하는 캐릭터.

오염된 지역으로의 출입을 막는 캐릭터.

오염을 피해 외딴 지역으로 달아난 캐릭터.

사기를 치는 캐릭터.

보스턴 터프츠대학교의 수리생태학자 니나 페퍼먼(Nina Fefferman)은
자신의 대학원생이자 '오염된 피' 사건의 생존자인
워크래프트 게이머 에릭 로프그렌(Eric Lofgren)과 함께
워크래프트에서 벌어진 팬데믹 사건에 대한 논문을
의학 저널에 발표했다.

무려 650만 명이 즐기고 있는
워크래프트 세계는 실제에 가까운
인간 행동들을 관찰할 수 있는
매우 훌륭한 실험실입니다.

온라인 게임은 역학 연구에서 인간 행동에 관한
데이터를 수집하는 데 이상적인 도구가
될 수 있습니다.

반대의 목소리도 있다.

게임에서 죽는다고 실제로 죽진
않잖아요? 단지 불편함만 있을
뿐입니다.

고작 게임 가지고
확대 해석하시네.

그렇기 때문에 온라인 게임과
현실 세계에서 사람의 행동과 반응은
다를 수밖에 없습니다.

게임에서의 결과를 현실에
그대로 적용해선 안 됩니다.

36

100시간 했던 게임의 세이브 파일을
날려 본 적이 없는 사람이구만!

MIT의 과학기술 사회학 교수
셰리 터클(Sherry Turkle)은 그 의견에
반대한다.

이런 이런—

게임을 현실과 상관없는,
부질없는 것이라고 생각해선 안 됩니다.

매일같이 일정 시간을 투자한다면
그것이 무엇이든 그 사람에겐
삶의 일부가 될 것입니다.

오랜 시간을 투자해야 하는 온라인 게임에서
캐릭터의 죽음은 게이머들에겐 삶의 일부를
잃는 것과 같은 큰 충격으로
다가올 것입니다.

워크래프트의 '오염된 피' 사건은
감염병 모델의 미래를 보여주었습니다.

하지만 당장 온라인 게임을
역학 연구에 활용할 수는 없습니다.

정보 동의와 사생활 침해 여부 등 사이버상에서 발생하는 새로운 연구윤리 문제나
게임 규칙과 사망 시의 핸디캡 등 작은 차이에 따라 연구 결과가 크게 달라질 수 있기
때문이다.

이러한 문제들을 잘 해결할 수
있다면 온라인 게임은
감염병 모형의 미래이자
모형과 현실 세계를 이어주는
훌륭한 징검다리가 될 것이다.

덧붙여…

'오염된 피' 사건에 대한 연구를 위해
미국질병통제예방센터(CDC)가 서버 자료를
요청했지만 블리자드는 보안상의 이유로
서버 자료를 끝내 넘겨주지 않았다.

통증을
조절하다

가상현실 게임

2015년을 기점으로 가상현실(VR, Virtual Reality) 기기들이 본격적으로 대중에 선보이면서
새로운 차원이 열리기 시작했다. 그 변화의 선두에는 게임이 있었다.

플레이스테이션 VR

가상현실 전문 회사 오큘러스 VR의
오큘러스 리프트 CV1

자사의 핸드폰과 연결해
사용하는 삼성 기어 VR

플레이스테이션 VR을 비롯해 여러 기기들의
등장으로 가상현실이 만들어 낼
새로운 게임 경험에 대한 기대감은 한층 고조되었다.

1990년대에 닌텐도에서 개발한 최초의 VR 게임기 버추얼 보이.
시대를 앞서간 이들이 그렇듯 참혹한 실패를 거두고 말았다.

기기가 무거워서
책상에 세워 놓고
게임을 했다고 합니다.

또한 마이크로소프트의 증강현실(AR, Augmented Reality) 기기인 홀로렌즈, 그리고 이와 관련된 몇몇 프로젝트의 충격적인 시연 영상은 사람들에게 강한 인상과 충격을 남겼다.

* 간단히 구분하자면 가상현실은 가상의 세계에 내가 놓이는 것이고, 증강현실은 현실의 세계에 가상의 물체가 놓이는 것이다. 여기서는 구분할 필요가 있는 경우를 제외하곤 가상현실로 통칭했다.

하지만 4년이 지난 2020년 현재 가상현실에 대한 게임계의 기대감은 미지근해졌다. 가상현실 기기의 높은 가격에 비해 성능은 낮고, 착용의 번거로움이 발목을 잡았지만 더 핵심적인 문제는 콘텐츠의 부재였다.

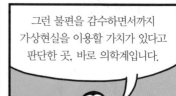

지금까지 나온 가상현실 게임은 대부분 '체험판' 수준이었습니다.

가상현실이 게임계에서 고전을 면치 못하고 있는 것에 비해 그에 대한 관심과 기대가 점점 더 높아지는 곳이 있습니다.

그런 불편을 감수하면서까지 가상현실을 이용할 가치가 있다고 판단한 곳, 바로 의학계입니다.

가상현실은 새로운 개념의 정보 전달 형식과 수단이었다. 홀로그램으로 형상화한 인체는 조작에 따라 절단, 투시 등 다양한 정보를 효과적으로 보여줄 수 있다.
가상세계에서 수술을 실습할 수도 있다.

가상현실은 온라인으로 연결되기 때문에
사람 간의 접촉을 최소화하면서
빠르게 전문 지식을 공유하고
협업할 수 있어서 의료 현장에서
큰 도움이 되고 있습니다.

올더 헤이 어린이병원 심장센터장 라파엘 게레로(Rafael Guerrero)

기기의 가격이 낮아지고, 특히 2019년 말부터 시작된
코로나19 대유행으로 비대면이 중요한 문제로
대두되면서 세계의 여러 병원에서 가상현실을
이용한 수술 계획과 연습, 협업 등을 위한
의료 시스템 도입이 더욱 빨라지고 있다.

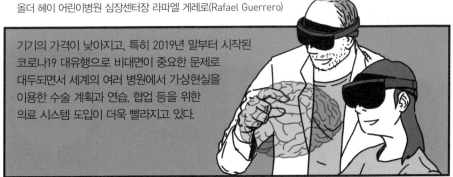

학교 현장도 예외는 아니다.
미국의 케이스웨스턴리저브대학교는
홀로렌즈의 가능성을 깨닫고
마이크로소프트와 함께 2015년부터
해부학 교육 프로그램 개발에
나섰으며 2020년 3월에 의대
1학년을 대상으로 홀로렌즈를
이용한 온라인 해부학 교육을
최초로 실시했다.

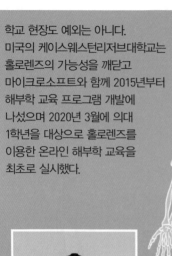

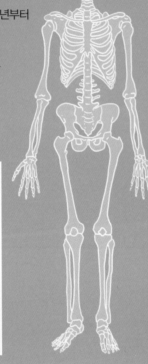

이는 코로나19로
교육 현장이 멈춰 섰을 때
더욱더 빛을 발했습니다.

가상현실이 의학계에서 이바지하고 있는 것은
이뿐만이 아닙니다.

의학계가 이를 활용하는
또 다른 분야는

바로
통증입니다.

20세기 초반만 해도 통증은
신체 손상으로 인해 고정된 '통증 경로'를
타고 오는 신호라고 생각했다.

르네 데카르트는 통증을
마치 밧줄에 달린 종처럼 단순한
신체감각으로 간주했습니다.

그래서 통증을 없애기 위해 신경 제거 수술
등이 행해졌지만 오히려 더 극심한 통증이
발생했다. 손을 잃은 환자가 손 통증을
느끼는 환각지(phantom limb) 등 기존의
통증 개념으로는 설명할 수 없는 사례도
계속해서 보고되었다.

선생님!
왼손이 아픕니다!

난감하네.
당신은 왼손이
없다구요.

1979년경이 되자 통증에 대한 개념은 다시 바뀌었다.

통증은 실제적 또는 잠재적
조직 손상에서 연상되거나 이러한
손상으로 묘사되는 불쾌한 감각적,
정서적 경험인 것 같습니다…

아마도?

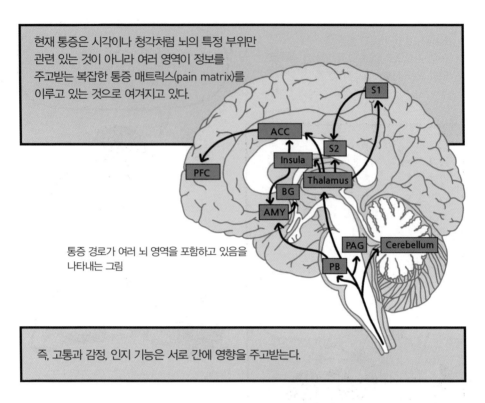

현재 통증은 시각이나 청각처럼 뇌의 특정 부위만 관련 있는 것이 아니라 여러 영역이 정보를 주고받는 복잡한 통증 매트릭스(pain matrix)를 이루고 있는 것으로 여겨지고 있다.

통증 경로가 여러 뇌 영역을 포함하고 있음을 나타내는 그림

즉, 고통과 감정, 인지 기능은 서로 간에 영향을 주고받는다.

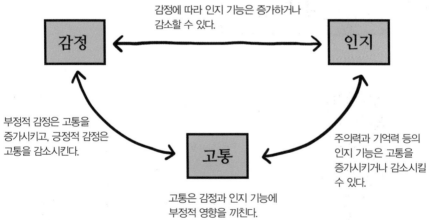

감정에 따라 인지 기능은 증가하거나 감소할 수 있다.

부정적 감정은 고통을 증가시키고, 긍정적 감정은 고통을 감소시킨다.

주의력과 기억력 등의 인지 기능은 고통을 증가시키거나 감소시킬 수 있다.

고통은 감정과 인지 기능에 부정적 영향을 끼친다.

* Bushnell, M. Catherine, Marta čeko, and Lucie A. Low. "Cognitive and emotional control of pain and its disruption in chronic pain." *Nature Reviews Neuroscience* 14,7 (2013): 502–511.

이와 같은 개념에 기반하여, 가상현실은 고통에 대한 인식과 집중을 방해해 통증을 경감시키는
도구로서 주목받게 되었다.

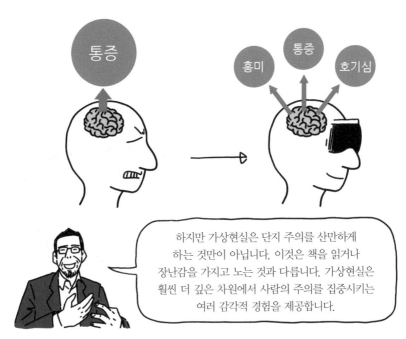

하지만 가상현실은 단지 주의를 산만하게
하는 것만이 아닙니다. 이것은 책을 읽거나
장난감을 가지고 노는 것과 다릅니다. 가상현실은
훨씬 더 깊은 차원에서 사람의 주의를 집중시키는
여러 감각적 경험을 제공합니다.

로스앤젤레스 어린이병원의 소아통증관리클리닉 책임자 제프리 골드(Jeffrey Gold)

지금까지 VR을 이용한 통증 치료 연구는 주로 급성 통증 부문에서 활발히 진행되었다.
만성적 통증 관리에 관한 연구는 초기 단계지만 여기서도 점차 긍정적인 연구 결과가
보고되고 있다.

47

특히 손이나 발을 잃은 환자의 환각지나 복합 부위 통증 증후군 치료에 활용하던
거울 치료(Mirror Visual Feedback Therapy)는 가상현실을 이용해 치료 효과를
높일 수 있으리라 기대하고 있다.

기존의 거울 치료는 상실한 신체 부위를
거울의 반사를 이용해 구현하여 뇌의 착각을
유도하는 치료 방법이다.

VR을 활용한 치료에선 거울 대신에 센서를
부착해(왼손) 컴퓨터상에 가상의 손(오른손)을
구현한다.

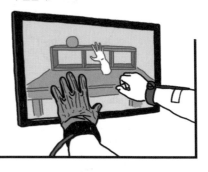

그 밖에도 공포증, 외상 후 스트레스 장애,
불안 장애와 같은 정신 질환 치료 등 다양한
분야에서 연구가 진행되고 있습니다.

의학계가 가상현실 기기를 이용한 통증 경감
연구에 열심인 이유는 무엇보다 진통제의
여러 생리적 부작용 때문입니다.

마약성 진통제의 중독성은 큰 문제이며, 어떤 진통제든
시간이 지날수록 신체가 적응하기 때문에 처음의 효과를
얻으려면 점차 더 많은 양을 투약해야 한다.

가상현실의 장점은 진통제가 갖고 있는 중독성, 의존성이 없다는 점입니다.

어차피 대부분의 사람은 멀미 때문에 가상현실을 30분 이상 하기 힘들죠.

다행히 환자가 가상현실에 익숙해져도 통증 경감의 효력은 유지되는 것으로 보입니다.

가상현실의 발전은 통증 경감에 더 큰 도움이 될 것으로 보인다. 2006년 18∼23세의 건강한 77명의 지원자를 대상으로 한 연구에선 지원자가 자신의 통증에 대한 주관적인 등급을 정해 VR을 사용하는 동안 그 변화량을 표시했는데 가상현실의 기술 수준이 높을수록 통증 경감에 효과적이라는 결과를 얻었다.

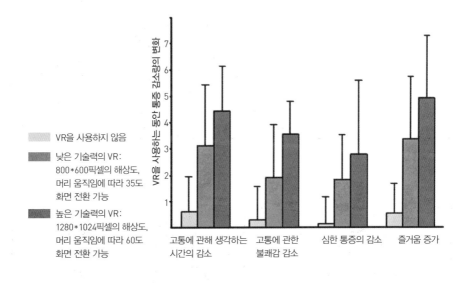

VR을 사용하지 않음

낮은 기술력의 VR: 800*600픽셀의 해상도, 머리 움직임에 따라 35도 화면 전환 가능

높은 기술력의 VR: 1280*1024픽셀의 해상도, 머리 움직임에 따라 60도 화면 전환 가능

고통에 관해 생각하는 시간의 감소   고통에 관한 불쾌감 감소   심한 통증의 감소   즐거움 증가

1

* 그래프 출처: Hoffman, Hunter G., et al. "Virtual reality helmet display quality influences the magnitude of virtual reality analgesia." *The Journal of Pain* 7.11 (2006): 843–850.

2020년 연구에서는 상호작용이 가능한 가상현실에서 통증 경감 효과가 더 높은 것으로 나타났다.

블랙 스크린

수동적 가상현실: 주위를 둘러볼 수 있지만 상호작용이 불가능하다.

능동적 가상현실: 진행 중 등장하는 표적판을 맞춰야 한다.

능동적 가상현실에서 통증을 느끼는 정도가 상당히 감소하는 것으로 나타났지만, 수동적 가상현실과 블랙 스크린에서는 진통 효과가 없었다.

* Lier, E. J., et al. "The effect of Virtual Reality on evoked potentials following painful electrical stimuli and subjective pain." *Scientific Reports* 10.1 (2020): 1–8.

가상현실은 통증을 경감하는 데 분명 효과가 있는 것으로 나타났지만, 치료제는 아니라고 관계자들은 강조합니다.

가상현실은 어디까지나 보조 도구로서 약물 치료와 함께 병행되어야 하며, 결코 만병통치약이 아닙니다.

가상현실은 전기와 자동차, 컴퓨터처럼 우리의 일상을 또 한 번 크게 변화시킬 것입니다.

그 시작은 게임과 영화 같은 엔터테인먼트 분야일 것으로 생각했습니다.

하지만 변화의 바람은 이처럼 먼저 의학에서 불어오고 있습니다.

전염병이 불러온
아포칼립스

디비전

전염병은 인류 역사 곳곳에 깊은 상처를 남겼다.

중세 유럽은 흑사병으로 인구의 1/3을
잃었으며, 천연두는 아메리카 대륙에
상륙해 원주민을 쓸고 지나갔다.
20세기 초반부터 벌어진 전쟁통 속에서
등장한 스페인 독감은 전 세계에서
5000만 명의 사망자를 기록했다.

이런 비극은 백신과 항생제, 위생 이론으로 무장한 현대 의학이 등장하기 전 고릿적 이야기가
아니다.

면역에 관한 선구적인 연구로 노벨상을
받은 면역학자 프랭크 맥팔레인 버넷
(Frank Macfarlane Burnet)은 1962년에
전염병에 대한 현대 의학의 승리를
선언하는 당찬 글을 발표했다.

이제 전염성 질병에
관한 사례는 과거에서
찾아야 할 것입니다.

하지만 버넷이 채 눈을 감기도 전인
1980년대에 에이즈가 전 세계에 유행했고,
지금까지 약 3500만 명이 사망했다.
21세기에도 신종플루, 에볼라, 사스,
메르스 등이 세계를 위협했다.

자네도 어서 오게~

성급한 단언자의 클럽

53

대유행(pandemic)에 대한 인류의 정신적 외상은 대중문화에서도 고스란히 드러난다.

영화와 소설, 게임은 거대한 전염병에 위협받는 세계, 혹은 그로 인해 멸망에 이른 인류를 그렸습니다.

유비소프트의 디비전 시리즈는 생물학 테러로 국가 체계가 무너진 미국을 배경으로 한다. 전염성과 치사율이 높은 그린플루라는 바이러스를 제조해 블랙 프라이데이 때 지폐에 묻혀 유통시킨 바이오 테러로 대규모 감염 사태가 일어나면서 미국 사회가 붕괴된다.

게이머는 평시에는 각자 삶을 살다가 국가 위기 상황에 소집되어 임무를 수행하는 전략국토부(Strategic Homeland Division) 소속의 디비전 요원으로서 활약한다.

이러한 스토리는 아이템을 습득해

캐릭터를 강화하는 게임 특성과 맞물려

아포칼립스 폐지 줍기 게임이라는 비꼼을 받기도 했다.

또 쓰레기네!

하지만 이 게임은 실제로 2001년 6월에 시행되었던 '다크 윈터'라는 시뮬레이션 훈련에서 아이디어를 얻었다고 알려져 있다. 정책 결정권자, 미국 질병통제예방센터 및 관계자들이 참여한 다크 윈터는 가상의 테러 단체가 블랙 프라이데이의 한 쇼핑몰에서 천연두를 유행시키는 사건을 가정했다.

EXCOM

결과는 충격적이었다. 2개월 이내에 백신으로 사태를 진정시키지 못하면 300만 명이 감염되고, 100만 명이 사망하는 것으로 나타나 미국 정부를 긴장시켰다.

2005년에도 몇몇 국제도시에서 천연두 테러를 상정한 '애틀랜틱 스톰' 시뮬레이션을 진행했는데, 이번에도 결과는 크게 다르지 않았습니다.

만화가

이러한 결과는 특히 전염성과 치사율이
높은 천연두를 이용했기 때문일까요?

대중문화에서도 종말을 불러오는 전염병은
무시무시한 전염성과 치사율을 가진
미지의 감염체로 등장한다.

〈디비전〉에서 등장하는 그린플루 바이러스는
천연두 바이러스를 기반으로 해 위험한
6개의 바이러스를 조합했다고 설정했다.
즉, 그린플루는 전염병의 끝판 대장 같은
바이러스다.

신종플루

스페인
독감

에볼라

마버그열

한타

뎅기열

연구자들은 그런 괴물 같은 바이러스만
대유행을 일으킬 수 있는 것은 아니며,
생물학 테러가 아니더라도 대유행은
그와 유사하게 발생하고 진행된다고
경고합니다.

오히려 앞서 2개의 가상 시뮬레이션에서
상정한 천연두의 경우 그나마 백신이 있기
때문에 위험성은 덜하다고 볼 수 있다.

천연두 백신 개발에
기여한 에드워드 제너
(Edward Jenner)

2018년에는 좀 더 일반적인 상황을 가정한 클레이드 엑스 (Clade X) 시뮬레이션 훈련을 진행했다.

클레이드 엑스에서는 천연두가 아닌 감기와 같은 경미한 질병을 일으키며 전염성과 치사율이 보통 수준인 호흡기 바이러스 계열을 가정했다. 사스 정도의 수준이다. 사스는 2002~2003년에 유행해 8000명 이상을 감염시켰고, 그중 10%가 사망했다.

3개의 시뮬레이션을 주관한 존스홉킨스 보건보안센터(Johns Hopkins Center for Health Security)는 존스홉킨스 블룸버그 공중보건대학에 소속된 독립적인 비영리단체로 1998년에 설립되었으며, 전염병과 재난에서의 보건 문제를 연구한다. 이 센터는 미국 정부에 이에 관한 정책적 조언과 연구를 수행하는 싱크탱크 역할을 하고 있다.

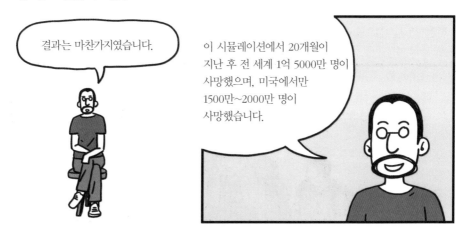

결과는 마찬가지였습니다.

이 시뮬레이션에서 20개월이 지난 후 전 세계 1억 5000만 명이 사망했으며, 미국에서만 1500만~2000만 명이 사망했습니다.

과거와는 비교할 수 없는 첨단 의학과 더 조직화된 정부를 갖고 있는 지금도 왜 이런 결과가 나올까요?

정치가나 관련 책임자가 무능해서일까요?

독일 프랑크프루트
사례: 316
사망: 32

베네수엘라 카라카스
사례: >100
사망: >20

클레이드 엑스는 공중보건 체계의 수준이 상이한 독일 프랑크프루트와 베네수엘라 카라카스를 전염병의 시작점으로 정했다.

베네수엘라는 전염병의 확산에 제대로 대처하지 못했고, 곧 인근 국가로 난민들이 탈출했다.

독일은 빠르게 대처했지만,
다른 문제가 발목을 잡았다.
프랑크푸르트는 세계 항공의 허브.
이곳에서 모든 여행객과 비행기를
묶어 두기란 불가능하다.

실제로 이러한 역할을 수행했던
미국질병통제예방센터의 전 수장
줄리 거버딩(Julie Gerberding)은
다음과 같이 말했다.

단순히 여행 금지령을 내리는 것은
결코 효과적이지도 않고, 비실용적이며,
잠재적으로는 반발만 불러일으킬 것입니다.

대중을 이해시키고 협력을 이끌기 위한
공중보건 교육과 의사소통은 커다란
문제로 떠올랐다.

베네수엘라의 상황은 어떻게 대처해야 할까?
일견 타국의 문제에 많은 자원을 들여 도움을
주는 것을 못마땅해하며 단순히 국경 통제를
요구할지 모른다. 그러나 이는 해결책이 될 수
없다.

국내에나 신경 써~!

곤경에 처한 이웃을 돕지 않는다면,
우리가 미처 준비하기도 전에 그 이웃들이
찾아올 것입니다.

시뮬레이션에 참여한
전 상원의원 토머스 대슐
(Thomas Daschle)

59

백신 개발은 시급한 문제다. 1980년대까지
백신 개발은 공익 사업으로서 정부 투자로
진행되었지만, 이제는 민간이 맡고 있다.
다음에 어떤 바이러스가 유행할지 예상할 수 없으니
미리 백신을 개발해 놓을 수 없다. 개발한 백신이
제대로 효과를 낼지는 결국 전염병이 발생하기
전까지 누구도 알 수 없다.

많은 시간과 노력, 그리고 막대한 돈이 들어감에도 불구하고 이처럼 모든 게 불분명하고,
수익성마저 떨어지는 백신 개발에 투자를 감행할 민간 기업은 많지 않다.

빌&멀린다 게이츠 재단(Bill & Melinda Gates Foundation)과 같은 자선 단체와 제약회사,
정부 기관의 협력을 통해 백신 개발이 이루어지고 있지만, 전체 신약 개발 비용에서 차지하는
비중은 미미하다.

빌&멀린다 게이츠 재단은 2000년에 설립된
가장 큰 민간재단으로 아프리카의 수막구균 백신
(meningococcal vaccine) 개발에 참여하는 등
빈곤 국가의 질병 치료를 위해 노력하고 있다.

백신을 개발한 뒤에도, 충분한 양을 신속히
생산하고 배포하는 것은 또 다른 문제다.

우리는 백신 공장을 지을 수 없고,
비상사태에서만 공장의 스위치를 켤 수
있습니다. 상비군과 마찬가지로 생산 라인과
직원은 계속해서 수련과 업데이트가
필요합니다.

세계보건기구(WHO)의 마틴 프리드(Martin Friede)

존스홉킨스 보건보안센터 수석 연구원이자 이 시뮬레이션을 설계한
에릭 토너(Eric Toner) 박사는 한마디로 이렇게 정리한다.

정치가나 관련 책임자들이 특별히
무능하거나 소명의식이 없어서가 아닙니다.
우리는 그 같은 문제를 해결하는 데 필요한
시스템을 갖추고 있지 않기 때문입니다.

세계가 더욱 밀접하게 엮이면서 전염병은 세계로 빠르게
확산될 뿐만 아니라 경제에도 커다란 타격을 입힌다.
2003년의 사스 대유행은 검역 조치, 무역 및 여행 제한으로
세계경제에 약 540억 달러의 손해를 끼친 것으로 추정된다.

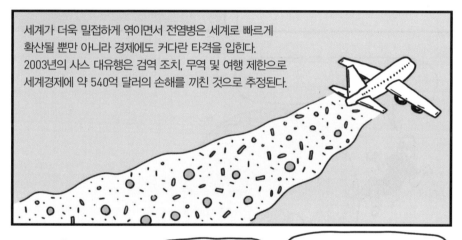

시스템을 유지하는 비용보다

사고 후 수습하는
비용이 훨씬 크다면
답은 간단합니다.

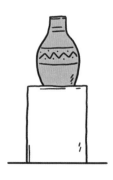

문제의 심각성을 인식하고
세계 각국과 국제 의료, 보건 단체
그리고 경제 단체도 더 신속하고
효율적으로 대처하기 위해 대비하고
변화하려 노력하고 있습니다.

세계은행(World Bank)은 전염병 발발 시 신속히 대책 자금을 지원할 수 있는 유행병 긴급금융지원기구(Pandemic Emergency Financing Facility: PEF)를 만들었고,

2017년 1월 세계경제포럼에서는 백신 개발의 재정적 지원을 위해 '감염병대비혁신연합(Coalition for Epidemic Preparedness Innovations: CEPI)'을 출범시켰다.

지금의 세계는 부정할 수 없는 하나의 생명 공동체가 되었습니다.

이제 '남의 나라 문제'라는 건 지구상에 없다.

노화의
역할

갓 오브 워

신이건

애비를
베다니!

인간이건

영웅님,
도와주세…

괴물이건 간에

길 좀
묻겠습…

공평하게 썰어 버리던 스파르타의 망나니 크레토스는 명작으로 손꼽히는 산타모니카 스튜디오의 〈갓 오브 워〉 시리즈의 주인공이다.

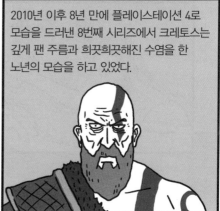

2010년 이후 8년 만에 플레이스테이션 4로 모습을 드러낸 8번째 시리즈에서 크레토스는 깊게 팬 주름과 희끗희끗해진 수염을 한 노년의 모습을 하고 있었다.

그냥 보내 줄 테니
어서 가시오.

뭐?

참 재밌는 양반이네~

죽여… 죽여 보라고…

대체 뭐하는
미친 놈이지…

올림포스를 박살 내던 패기는 사라지고,
희멀건 북유럽 말라깽이 녀석에게
고전하던 크레토스. 상대를 간신히
뿌리치고 거친 숨을 내쉬는
그의 뒷모습은 올드 게이머로서
큰 회한을 불러일으킨다.

8년의 세월은 크레토스만 변화시킨 게 아니다.

생각대로 손이 따라주지 않는 지금의 나도 크레토스와 별반 다르지 않다.

안돼. 느려.

어휴~ 재는 포기해야겠어요. 형님.

소싯적엔 어렵다는 게임들도 단번에 클리어 했는데 말이죠.

그러게 처음부터 쉬움 모드로 하지 그랬어.

지금껏 혼자서 전장을 쓸고 다니던 크레토스지만. 이제 그의 옆에는 소년이 동행하고 있다. 아들 아트레우스다.

노인네들…

사실 크레토스의 노화는 자연의 계획에 들어 있지 않다.

질병과 사고. 포식자에 의한 죽음이 늘 도사리는 세상에서 생물들이 선택한 것은 불멸이 아닌 번식이었다.

자연은 개체의 노화는 안중에 없고,
오로지 성공적인 번식을 위해
젊은 시기의 생존율을 높이는 데만
몰두했다.

처음에는 사슴을 향해 화살 한 방 제대로
날리지 못했던 아트레우스는

집중해라!
소년아!

저런 놈은 도끼
한 방으로!!

슝——

슝——

슝——

게임 후반부에 이르러선 크레토스의 든든한 오른팔로 성장해 로빈후드 뺨도 후려치는
활 실력을 보여준다. 이것이 젊음의 힘이며, 진화가 추구한 방향이다.

헤헷!

머숙——

68

그러나 인간이란 생물은
자연이 생각하지 못한 상황을
만들어 냈습니다.

적당히 살다가 거름으로 돌아가야 하는데, 인간은 쉬이
죽지 않기 시작했다.

생존 기간이 늘어나면서
노화의 영역에 진입하는
인간의 수는 날로 증가했다.

그곳에 펼쳐진 풍경을 보며
인간들은 의문을 품었다.

노화란 무엇인가?

왜 우리는 젊은 시절의 육체를
유지하지 못하고 서서히 꺼져 가는
등불처럼 노쇠해지고 마침내
죽음에 이르는 걸까요?

아마도 자연은 이렇게 답할 것이다.

생각해 본 적 없는데?
그렇게 오래 살지 몰랐지….

썩어 버릴까?

자연

형님,
참으십시오.

69

철에 녹이 스는 것처럼, 세포도 산소의 산화 현상으로 손상을 입는다.
시간이 지날수록 그러한 녹을 닦아 내는 속도보다 쌓이는 속도가 더 빨라지고,
남아 있는 고장난 세포들은 염증 반응을 일으킨다.

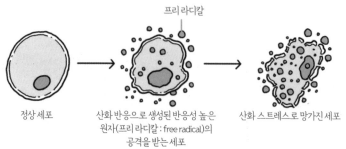

프리 라디칼

정상 세포

산화 반응으로 생성된 반응성 높은
원자(프리 라디칼 : free radical)의
공격을 받는 세포

산화 스트레스로 망가진 세포

신체는 녹슬어 고장 난
세포를 처리하기 위해
두 가지 방법을 고안해 냈다.

없애 버리거나.

과

스위치를 꺼버리거나.

노화는 이렇게 점점 늘어나는
불 꺼진 빈집 사이로 범죄자들이
유입되는 몰락한 도시의 풍경과도
같다.

그러나 노화는 규칙적이고 일률적으로
진행되지 않는다. 같은 나이여도 누구는
늙어 보이고, 누구는 더 건강하다.

형님은 지금도 운동
열심히 하는군요.

외부의 스트레스와 질병은 노화를 촉진하며,
신체 안에서도 장기는 서로 다른 속도로 늙어 간다.
한 연구에 따르면 주로 운동과 언어, 감각 인지의
역할을 담당하는 소뇌의 노화 속도가
가장 느린 것으로 나타났다.

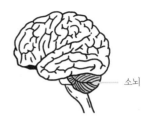

소뇌

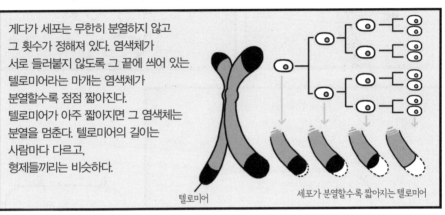

게다가 세포는 무한히 분열하지 않고
그 횟수가 정해져 있다. 염색체가
서로 들러붙지 않도록 그 끝에 씌어 있는
텔로미어라는 마개는 염색체가
분열할수록 점점 짧아진다.
텔로미어가 아주 짧아지면 그 염색체는
분열을 멈춘다. 텔로미어의 길이는
사람마다 다르고,
형제들끼리는 비슷하다.

텔로미어

세포가 분열할수록 짧아지는 텔로미어

즉, 노화는 고정적인
것이 아니라

외부의 개입에 따라 변하며,

따라서 과학자들은 노화를
고칠 수 있다고 생각합니다.

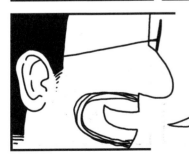

세포 손상을 일으키는 산화에 대처하고,
고장 난 세포가 인체에 해를 끼치는 것을 방지하며,
건강한 세포들은 더 오래 분열될 수 있도록
하는 거죠.

이를 위해 텔로미어의 길이를 늘이는 것도 좋은 방안 중 하나로 떠올랐습니다.

인내심 없는 어떤 사람은 하루빨리 그 효과를 입증하기 위해 직접 팔을 걷고 나섰습니다.

노화 치료제를 연구하는 바이오비바(BioViva)라는 미국 생명공학 회사의 최고경영자인 엘리자베스 패리시(Elizabeth Parrish)는 자사에서 연구 중인 유전자 치료제를 직접 몸에 투여하기로 결정했다.

우리 회사의 신약 치료를 받는 첫 환자(patient zero)가 되었습니다.

어? 의학계에서 'patient zero'는 최초 감염자를 뜻하는데….

그게 중요한 게 아니에요!

텔로머레이스는 텔로미어의 길이를 늘이는 효소로, 대다수의 인간 세포에서는 생산하지 않습니다.

이 치료제에는 텔로머레이스를 생산하게 하는 유전자를 보유한 바이러스가 들어 있습니다.

안타깝게도 이 치료제는 아직 동물실험도 하지 못했습니다.

그래서 저는 미국 식약청의 제재를 피해 2015년 9월 콜롬비아의 한 병원에서 치료를 시작했습니다.

6개월 뒤 다시 재어 보니 제 백혈구의 텔로미어 길이는 약 9%가 늘어났습니다. 20년 전 길이로 돌아간 것이죠!

연구윤리는 차치하더라도

그녀는 진짜 젊어진 것일까?

텔로미어의 길이는 수명을 말해 주지 않는다.

게다가 바이오비바에서 주장한 9%는 텔로미어 길이 측정에 있어 표준오차 범위 내에 있습니다.

오호호호~~

텔로미어의 길이는 체중과 같은, 그저 건강의 양상을 알려주는 여러 지표 중 하나일 뿐입니다.

텔로미어와 텔로머레이스에 관한 연구로 2009년 노벨 의학상을 공동 수상한 엘리자베스 H. 블랙번은 인터뷰에서 이렇게 말했다.

노화의 대략적인 모습을 밝혔다고 생각했지만, 실상 그곳은 여전히 짙은 안개에 싸여 있습니다.

산화로 인한 세포 손상이 노화를 일으킨다고 하지만, 산화 손상이 노화에서 얼마나 큰 비중을 차지하는지는 아직 모른다. 아니, 산화가 노화의 원인지 결과인지조차 명확하지 않다. 칼로리 제한이 수명을 늘린다는 주장도 여전히 논란거리다.

켁 켁

물론 명확한 것은 있습니다.

미디어에서 광고하는 항산화제를 비롯하여 노화를 방지한다는 어떠한 것도 검증되지는 않았다는 것이다.

여러 연구에서는 오히려 항산화제의 부작용이 드러나기도 했습니다.

현재까지 믿을 만한 항노화 방법이란 그저 채소 위주의 적당한 음식과 운동으로 적절한 체중을 유지하는 것이다.

크레토스는 아들에게 일생 체득한 지혜와 기술을 알려주려 노력한다. 말보다 주먹을 먼저 날렸던 그는 이제 아들에게 분노에 몸을 맡기지 말라고 충고한다.

불필요한 살인은 하지 마라.

비록 자연은 노화를 계획하지 않았지만, 이제 우린 알고 있다.

삶의 마지막까지 탐욕과 증오로 세상을 갉아먹는 것이 아니라

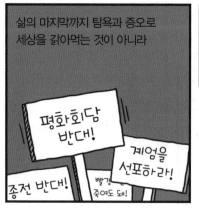

평화회담 반대!

계엄을 선포하라!

종전 반대!

빨갱이 죽여도 돼!

후세에게 평화와 안정을 위한 더 나은 지혜를 전하는 것.

그것이 자연이 늙음에 부여한 역할이라는 것을.

영혼이
탈색되다

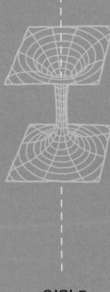

인왕 2

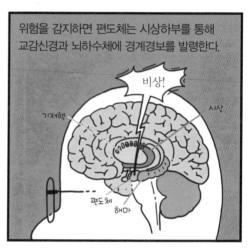

이 비상신호로 인해 여러 스트레스 호르몬이 분비되어 심장박동과 호흡이 빨라지면서 더 많은 혈액과 산소를 뇌와 근육으로 보내는 투쟁-도피 반응이 일어나게 된다. 다른 한편에서는 이를 위해 여분의 포도당을 방출하고, 당장에 도움이 안 되는 소화·면역을 억제함으로써 더 많은 에너지를 확보하려 한다.

이러한 스트레스 반응은 위험으로부터 원시 인류의 생명을 구했지만, 현대에 이르러서는 너무 예민하게 반응하는 고장 난 화재감지기가 되고 말았습니다.

물론 스트레스 반응은 중요하다.

투쟁–도피 반응은 여전히 일상생활에서 맞닥뜨리는 위험에 대처하게 한다.

예를 들어, 스트레스 반응은 마감일이 코앞으로 다가올수록 집중력을 높여 매년 수많은 만화가의 목숨을 구하고 있다.

일부 연구에서는 적절한 스트레스가 기억력을 향상해 주는 것으로도 드러났다. 문제는 소음, 교통체증, 과도한 경쟁 등 일상의 불필요하며 너무 잦은 스트레스가 현대인을 압도하고 있다는 점이다. 심한 스트레스는 우울증과 외상 후 스트레스 증후군을 일으키며, 낮은 수준의 만성적인 스트레스는 여러 신체적·정신적 건강 문제로 이어질 수 있다.

따라서 현대사회에서
스트레스를 잘 다루는 것은
중요한 문제입니다.

웃음, 명상, 운동은 이러한
스트레스 반응에서 빨리 벗어날
수 있게 한다고 알려져 있으며,

최근 연구들은 게임 또한
스트레스 해소에 도움이 된다고
말하고 있습니다.

가벼운 게임에서의 성취감, 온라인 게임에서
타인과의 교류 등은 스트레스를 해소하고
기분을 전환하는 데 큰 효과를 보였다.

하지만 모든 게임이 스트레스 해소에
도움이 되는 것은 아닙니다.

특히 스트레스에 약한 사람이라면
몹쓸 소울라이크(soul-like) 장르의 게임은
절대 피해야 합니다.

그것은 마치 500미터 상공에서의 외줄타기나 맨손 암벽 등반과 같은 게임이다. 스포츠가 스트레스 해소에 도움이 된다고 해서 저런 것을 아무에게나 권하지 않는 것처럼 말이다.

소울라이크는 특정 게임이 하나의 장르가 된 사례. 프롬 소프트가 2009년에 발표한 〈데몬즈 소울〉을 시작으로 한 소울 시리즈는 어두운 세계관과 매우 높은 난이도에도 불구하고 큰 인기를 누렸다. 이에 다른 게임들도 소울 시리즈의 특징적인 요소를 차용하면서 소울라이크라는 하나의 장르가 자리 잡게 되었다.

소울라이크 게임은 제4차 산업혁명 시대의 도래를 준비하기 위한 세계 정부의 인류 보완 계획이 아닐까 싶을 정도의 사악한 난이도를 특징으로 합니다.

그래서 '소울' 라이크는 영혼을 갈아 넣어야 한다는 뜻과도 상통한다고 할 수 있습니다.

80

감히… 감히… 또 게임오버라니…
용서할 수 없다!

콰 콰 콰 콰 콰

소울라이크 게임에서 게이머는 드래곤볼의
사이어인처럼 수많은 게임오버를 통해
성장해야만 게임의 끝을 볼 수 있다.

나처럼 노쇠화로 인해 점점 손이 발이 되고
있는 올드 게이머들에겐 손과 뇌의 빠른
싱크로율을 요구하는 소울라이크는 감히
해볼 엄두가 나지 않는 장르입니다.

2020년에 발매한 〈인왕 2〉도
이런 끔찍한 소울류의 게임이다.

당연히 이 게임 쪽으로는 발도
뻗지 않을 생각이었지만,

소재 고갈로 설악산 울산바위라도
기어 올라가야 할 형편이었기에
별 수 없이 영혼에 양해를 구하고
플레이를 시작했습니다.

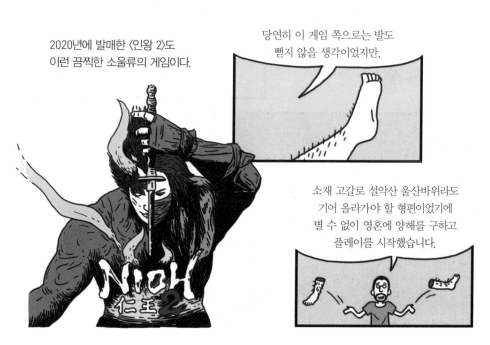

예상대로 고난의 가시밭길이 펼쳐졌다.

아우 씨!

이런! 씨%#$%$!!!

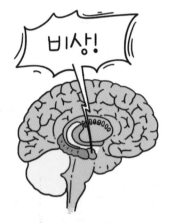

비상!

세상 바뀐 줄 모르는 편도체는 게임 속 캐릭터에
자기 목숨이라도 걸린 양 부리나케 시상하부를
호출하기 시작했다.

거~ 게임
개똥같이 만들었네!

이 게임에선 흔해빠진 잡스러운
적조차 마음을 다해 상대해야 한다.

Nioh2 © Koei Tecmo Games Co., Ltd. All Rights Reserved.

게임을 시작하자마자 마주치게
되는 이 녀석은 당신의
정신 건강을 위해 우선은
피해 가기를 권한다.

Nioh2 © Koei Tecmo Games Co., Ltd. All Rights Reserved.

당신의 캐릭터는 람보가
아니라는 것을 받아들여라.
무조건 일대일이다.

게임의 긴장감은 교감신경계와 뇌하수체를
각성시켜 스트레스 호르몬인 아드레날린과
코르티솔을 뿜어냈다.

한 대만… 한 대만 때리면 되는데!

드디어 쓰러트렸다.

털썩-

83

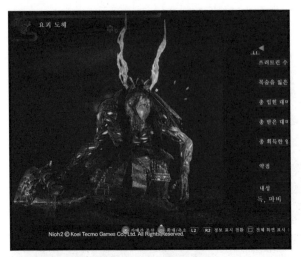

요괴 도해

Nioh2 © Koei Tecmo Games Co., Ltd. All Rights Reserved.

하얗게 불태웠다…
고작 첫 번째 보스를
잡는 데….

수많은 플레이어를 좌절케 한 극악의 첫 번째 보스.

심한 스트레스는 건강 문제를 넘어 머리카락마저
하얗게 만든다고 알려져 있다.

마리 앙투아네트가 프랑스혁명 당시 단두대에
오르기 전날 밤 죽음의 공포로 인한 스트레스로
머리가 하얗게 변했다는 이야기에서 비롯하여,
이런 급격한 탈색화를 유럽에서는
'마리 앙투아네트 증후군'으로 부른다.

일본 만화의 고전으로 손꼽히는 《내일의 죠》의
명장면이자 지금도 수없이 패러디되고 있는,
'하얗게 불태웠다'는 장면의 함의 중 하나도
강한 스트레스에 의한 급격한 탈색화일 것이다.

만화 팬들에게는 탈색화를
'내일의 죠 증후군'으로 불러야
할지도 모르겠습니다.

일반적으로 머리카락은 성장기(anagen), 퇴행기(catagen), 휴지기(telogen)의 세 단계를 주기로 한다. 머리카락의 색은 색소세포인 멜라닌 세포에 의해 결정되며, 성장기에 멜라닌 줄기세포에서 생산된다.

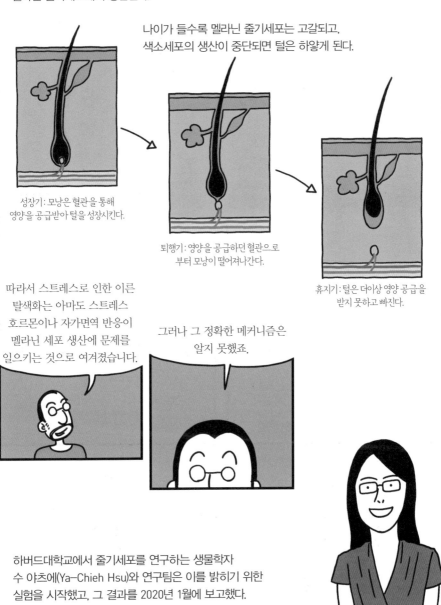

나이가 들수록 멜라닌 줄기세포는 고갈되고, 색소세포의 생산이 중단되면 털은 하얗게 된다.

성장기: 모낭은 혈관을 통해 영양을 공급받아 털을 성장시킨다.

퇴행기: 영양을 공급하던 혈관으로 부터 모낭이 떨어져나간다.

휴지기: 털은 더이상 영양 공급을 받지 못하고 빠진다.

따라서 스트레스로 인한 이른 탈색화는 아마도 스트레스 호르몬이나 자가면역 반응이 멜라닌 세포 생산에 문제를 일으키는 것으로 여겨졌습니다.

그러나 그 정확한 메커니즘은 알지 못했죠.

하버드대학교에서 줄기세포를 연구하는 생물학자 수 야츠에(Ya-Chieh Hsu)와 연구팀은 이를 밝히기 위한 실험을 시작했고, 그 결과를 2020년 1월에 보고했다.

쥐에게 급격한 스트레스를 가해 털이 흰색으로 변하는 것을 확인한 연구진은 기존의 예측에 따라 면역체계를 손상시키거나 부신을 제거해 스트레스 호르몬인 코르티코스테론의 신호를 차단했지만 탈색화를 막을 수 없었다.

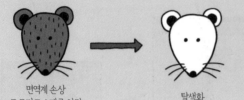

면역계 손상
코르티코스테론 차단

탈색화

그러나 또 다른 스트레스 호르몬인 노르아드레날린이 멜라닌 줄기세포에 작용한다는 것을 발견했습니다.

노르아드레날린은 부신에서 주로 생산되지만 교감신경에서도 방출한다. 연구진이 모낭 주변에 위치한 교감신경계에서 노르아드레날린의 방출을 차단하자 탈색화가 나타나지 않았다.

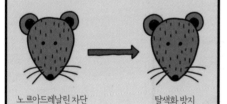

노르아드레날린 차단

탈색화 방지

교감신경계를 과도하게 활성화한 생쥐가 스트레스가 없는 상황에서도 탈색화가 일어나는 것을 관찰함으로써 노르아드레날린과 탈색화의 연관성을 확인했다.

교감신경계 활성화

탈색화

그렇다면, 정확히 무슨 일이 일어난 것일까요?

난 별로 알고 싶지 않은데.

하얗게 불태웠다...

보통 멜라닌 줄기세포는 모발의 성장기에 활성화되며 그전에는 잠들어 있다.
그러나 극심한 스트레스로 인해 높은 수준의 노르아드레날린이 방출되면 여기에 노출된
멜라닌 줄기세포는 계속해서 빠른 속도로 증식 및 분화한다.

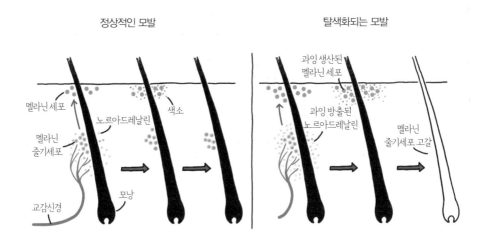

정상적인 모발   탈색화되는 모발

이렇게 멜라닌 세포가 대량으로 생산되고 낭비되면서, 결국 멜라닌 줄기세포는 빠르게 고갈되어
색소를 만들지 못하고 탈색화가 일어난다. 특히 교감신경계의 분포 수준에 따라 탈색화 부위와
정도가 결정되었다.

그럼 다른 줄기세포와 스트레스의
관계도 마찬가지일까요?

조혈 줄기세포*와 조혈세포** 역시 만성적인
스트레스에 노출되면 과잉 생산과 그에 따른
빠른 고갈로 면역기능이 손상되는 것 같지만,
줄기세포와 스트레스의 관계가 모두 이와 같은지는
아직 알 수 없다고 한다.

* 조혈 줄기세포: 적혈구, 백혈구, 혈소판 등
모든 혈액세포를 만드는 능력을 가진 세포.
** 조혈세포: 백혈구와 적혈구를 생성하는 세포.

생물학

게임은 단백질

과학과 게임의 협력

미국 버클리에 위치한 캘리포니아대학교의 물리학자 앤드루 웨스트팔(Andrew Westphal)은 나사의 스타더스트 미션에 참가했다.

스타더스트 미션은 와일드 2호(Wild II)라고 불리는 혜성을 촬영하고, 혜성의 꼬리 쪽을 통과하며 휘발성 물질이나 먼지를 채취하는 프로젝트였다.

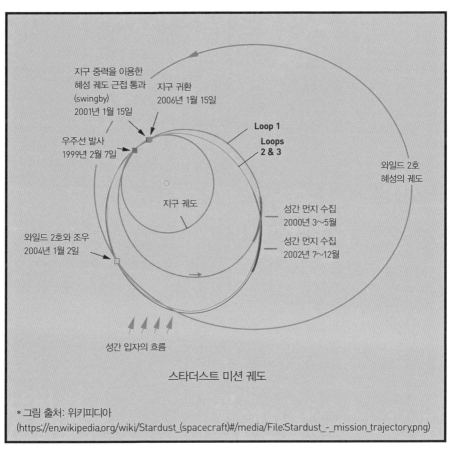

지구 중력을 이용한
혜성 궤도 근접 통과
(swingby)
2001년 1월 15일

지구 귀환
2006년 1월 15일

Loop 1

Loops
2 & 3

우주선 발사
1999년 2월 7일

와일드 2호
혜성의 궤도

지구 궤도

성간 먼지 수집
2000년 3~5월

성간 먼지 수집
2002년 7~12월

와일드 2호와 조우
2004년 1월 2일

성간 입자의 흐름

스타더스트 미션 궤도

* 그림 출처: 위키피디아
(https://en.wikipedia.org/wiki/Stardust_(spacecraft)#/media/File:Stardust_-_mission_trajectory.png)

93

그러나 웨스트팔의 관심은 혜성에 있지 않았다. 그는 탐사선이 혜성까지 이동하는 동안 우주 공간에서 에어로젤로 만든 먼지 포획기로 성간 먼지를 수집하는 것에 더 관심이 있었다. 1999년 2월 7일에 미션을 위한 탐사선이 발사되었고, 2006년 1월에 샘플을 담은 캡슐과 함께 귀환했다.

* 에어로젤은 열·전기·소리·충격에 강하며, 같은 부피의 공기에 비해 3배밖에 무겁지 않은 신소재로 다양한 분야에서 쓰이고 있다.

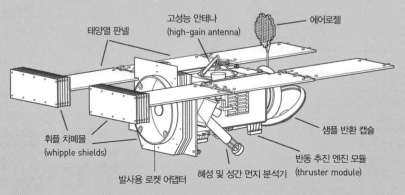

〈스타더스트 미션에 참가한 우주선의 구조도〉

* 그림 출처: 위키피디아
(https://en.wikipedia.org/wiki/Stardust_(spacecraft)#/media/File:Stardust_-_spacecraft_diagram.png)

웨스트팔은 포획기에 나타난 흔적을 분석하기 위해 자동 이미지 스캔 현미경을 이용하여 에어로젤을 스캔했다.

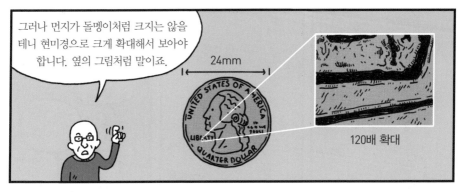

그러나 먼지가 돌멩이처럼 크지는 않을 테니 현미경으로 크게 확대해서 보아야 합니다. 옆의 그림처럼 말이죠.

24mm

120배 확대

그렇게 해서 스캔한 이미지는

160만 개였습니다.

기술의 발전으로 데이터 수집은 한결 쉬워졌다. 그러나 데이터가 많다고 저절로 위대한 발견이 이루어지는 것은 아니다.

엄청나게 쌓여 있는 데이터에서 의미 있는 것을 찾아내는 건 전혀 다른 문제다.

……

이건 건초 더미에서 바늘 찾기와 진배없습니다.

그러나 인간은 의외의 행동을 하기 시작했다.

뭐 하는 거요?

바늘 찾고 있소이다.

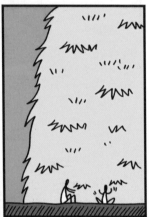

자신에게 아무런 득이 될 것 없는 바늘 찾기에 기꺼이 동참하는 것이다.

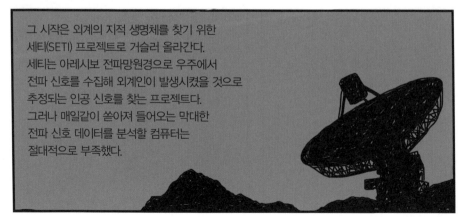

그 시작은 외계의 지적 생명체를 찾기 위한 세티(SETI) 프로젝트로 거슬러 올라간다. 세티는 아레시보 전파망원경으로 우주에서 전파 신호를 수집해 외계인이 발생시켰을 것으로 추정되는 인공 신호를 찾는 프로젝트다. 그러나 매일같이 쏟아져 들어오는 막대한 전파 신호 데이터를 분석할 컴퓨터는 절대적으로 부족했다.

고심 끝에 전 세계 사람들의 놀고 있는 컴퓨터를 활용하는 '세티앳홈(SETI@home)'을 1999년부터 시작했고, 많은 사람이 기꺼이 자신의 CPU와 전기 요금을 투자했다.

이를 시작으로 거대 데이터를 처리해야 하는 연구에 시민들이 참여하는 시민 과학이 탄생했다.

2002년 캘리포니아대학교에서는 네트워크 컴퓨팅을 위한 버클리 공개 인프라스트럭처, 줄여서 보잉크(Berkeley Open Infrastructure for Network Computing, BOINC)'를 구축해 세티앳홈을 비롯하여 수학, 의학, 분자생물학 등 다양한 분야의 연구에 활용하고 있다. 최근에는 휴대폰으로도 참여할 수 있는 앱을 발표했다.

그러나 연산 작업만으로는 해결할 수 없는 건초 더미들도 있다.

웨스트팔의 이미지들이 그러했다.

컴퓨터는 이미지상의 흔적이
진짜 성간먼지로 인한 것인지,
에어로졸의 균열인지,
아니면 처음부터 박혀 있는
지구 먼지인지를 구분할 수 없다.
결국, 사람의 눈으로 일일이
확인해야 한다.

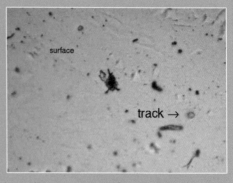

surface

track →

* 이미지 출처: 위키피디아
(https://en.wikipedia.org/wiki/Stardust@home#/media/File:Focus_movie.gif)

그래서 그가 보잉크를 통해
2006년 8월에 시작한
스타더스트앳홈(Stardust@home)은
기존의 프로젝트하고는 달랐다.

사람들은 자기 컴퓨터의 연산 능력을 기부하는
것이 아니라 컴퓨터가 처리할 수 없는
지식, 통찰, 인지능력을 기부하는 것이었다.
즉, 분산 컴퓨터가 아닌 분산 사고
(distributed-thinking) 개념의 등장이었다.

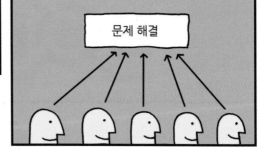

문제 해결

곧이어 분산 사고를 지원하기 위한 시스템인
보사(BOSSA)를 구축하였고,
여러 프로젝트를 진행하고 있다.

보사는 약자가 아닙니다.
프로젝트 제목이 약자여야 한다는
생각에 질려 버렸습니다.

캘리포니아대학교 컴퓨터과학자이자 보사 설립자,
데이비드 앤더슨(David Anderson)

그러나 위키피디아에서는 'Berkeley Open System for Skill Aggregation(BOSSA)'이라고 설명하고 있습니다.

보사 프로젝트로는 은하를 분류하는 갤럭시 주(Galaxy Zoo), 은하 합병·초신성·달 분화구 등을 분류하는 주니버스(Zooniverse), 지질 사진에서 뼈를 찾는 호미니드앳홈(hominid@home) 등이 있다.

쳇!

우리는 갤럭시 주 프로젝트를 통해 125만 개의 다른 은하를 분류하여 17장의 논문을 발표했습니다.

옥스퍼드대학교의 천체물리학 교수이자 갤럭시 주의 공동 설립자 크리스 린토트(Chris Lintott)

그러나 사람들의 선한 의지에만 기대는 것은 한계가 있다.

특히 분산 사고와 관련한 프로젝트는 사람들의 더 적극적인 참여가 필요하다. 프로젝트에 참여하기 전 봉사자들을 교육해야 하고, 컴퓨터만 켜 놓으면 되는 것이 아니라 직접 주어진 임무를 수행해야 한다.

같은 모양으로 그려진 곳에 건초를 분류해 놓으세요.

성실한 봉사자들은 소수였다. 대부분의 사람들은 쉽게 게을러졌다.

뭐 급할 거 있나….

심지어 의욕을 북돋우기 위해 도입한 순위 시스템에 더 관심을 두고 일을 대충 하며 양만 많이 처리하는 이들도 있었다.

이거라도 세계 1등 해보자!

획

획 획

성급한 보사 프로젝트는 시민들의 선의를 낭비할 수도 있습니다.

크리스 린토트

획 획 획

새로운 접근이 필요했다.

시애틀 워싱턴대학교의 생물학자 데이비드 베이커(David Baker)도 단백질 접힘 문제를 해결하는 데 시민 과학의 힘을 빌리기 위해 2005년에 로제타앳홈(Rosetta@home)을 시작했다.

오이소~

단백질은 20가지 아미노산이 일렬로 연결된 사슬을 기본으로 구성되어 있다.

아무도 없네. 앗싸~

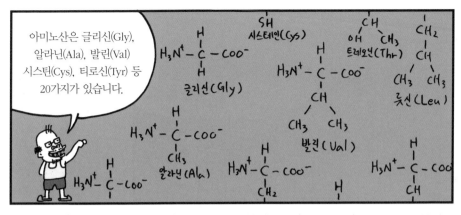

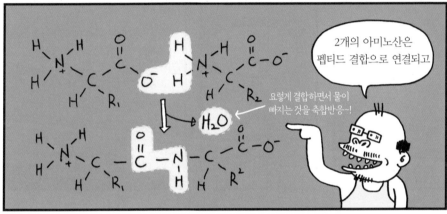

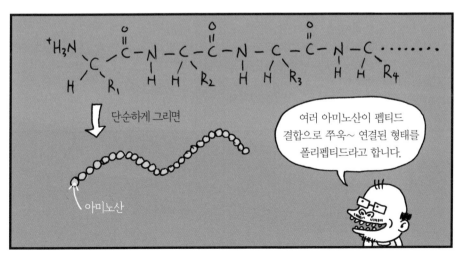

폴리펩티드를 이루는 아미노산들은 수소 결합, 이황화 결합, 이온 결합, 소수성 상호작용, 판데르 발스 작용으로 서로 결합하면서 복잡한 3차원 구조를 이루게 되고, 이것을 단백질이라고 부릅니다.

앗! 온다

← 단백질

빨리 도망가자~!

누가 있었나?

왠지 분위기가 싸하네….

아미노산 사슬은 배열에 따라 특정 모양으로 접히고 결합하면서 복잡한 3차원 구조를 만듭니다.

아무도 이 만화를 읽고 있지 않는 느낌이다…

횡 ~

각 단백질의 독특한 구조는 특정한 DNA 조각을 움켜잡거나 어떤 화학 반응을 촉진하는 등 그것의 성질과 기능을 결정한다. 형태가 기능을 결정하는 것이다. 그래서 아미노산 사슬의 구조를 분석하는 것은 생물학 연구에서 매우 중요하다. 문제는 단백질을 이루는 분자가 워낙 많아서, 심지어 컴퓨터로도 분석이 어렵다는 것이다.

꾸물 꾸물

분산 컴퓨터로 분석 속도를 높이려 했던 로제타앳홈(Rosetta@home)은 시작된 후 참가자들 사이에서 불평이 터져 나왔다.

뭐가 이렇게 느려~

사람이 보기엔 쉽게 도출할 수 있는 구조였는데도
컴퓨터는 최적의 에너지 상태를 찾기 위해
복잡한 아미노산 사슬 구조의 모든 가짓수를
고려하다 보니 진행이 너무 더뎠다.

내가 보기엔 그것보다
이걸 이렇게 하는 게 더
나은 구조 같은데.

베이커는 분산 사고 개념을 도입한
스타더스트앳홈을 보며
로제타앳홈을 개선할 새로운
영감을 얻었다. 그러나 해결 방식은
전혀 달랐다.

그는 같은 대학교의 컴퓨터과학자인 조란 포포비치(Zoran Popović)와
데이비드 살레신(David Salesin)에게 도움을 요청했다.

화면의 구성을
바꿔 볼까요?

베이커

그런 거 아무도
신경 안 써요.

흥!

포포비치

내가 생각하기에
단백질 접기는
컴퓨터 게임으로 아주
훌륭할 것 같았습니다.

어딜 보고
얘기하는 거야?

살레신

그들은 로제타앳홈에 유저가 계산한 결과를
반영할 수 있는 기능을 삽입하는 한편
〈폴드잇(Foldit)〉이라는 단백질 접기 게임을
개발했다.

사람들의 관심을 지속적으로 유지하고, 프로젝트에 기여할 수 있는 지식을 빠르게 습득시킬 필요가 있었습니다. 그러기 위해서는 재밌어야 하고, 매번 똑같지 않은 새로운 경험을 할 수 있는 무엇이 필요했습니다.

조란 포포비치

이 게임은 당신만의 새로운 단백질 구조를 만든다는 점에서 마인 크래프트와도 비슷할 수 있습니다. 우리는 이 게임을 개발하면서 3차원 테트리스를 떠올리곤 했습니다.

폴드잇의 책임 디자이너, 세스 쿠퍼(Seth Cooper)

게임은 단순합니다.

펑 아얏!

누구얏!

히히

아까 하던 얘기를 계속 합니다. 단백질은 1차, 2차, 3차, 4차 구조가 있습니다.

N말단

아미노산 속의 알파벳은 각 아미노산 이름의 앞글자 축약이다.

C말단

1차 구조는 단순한 아미노산 서열이고

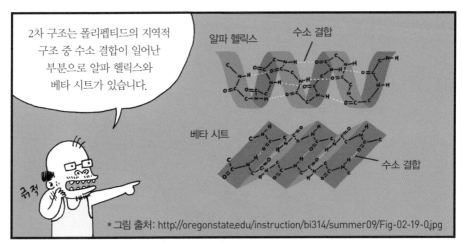

2차 구조는 폴리펩티드의 지역적 구조 중 수소 결합이 일어난 부분으로 알파 헬릭스와 베타 시트가 있습니다.

알파 헬릭스

수소 결합

베타 시트

수소 결합

규적

*그림 출처: http://oregonstate.edu/instruction/bi314/summer09/Fig-02-19-0.jpg

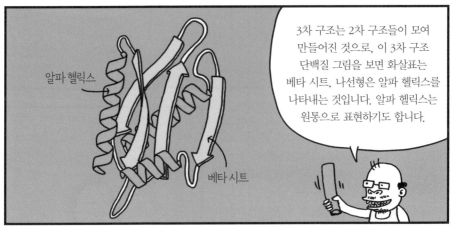

알파 헬릭스

베타 시트

3차 구조는 2차 구조들이 모여 만들어진 것으로, 이 3차 구조 단백질 그림을 보면 화살표는 베타 시트, 나선형은 알파 헬릭스를 나타내는 것입니다. 알파 헬릭스는 원통으로 표현하기도 합니다.

4차 구조는 3차 구조들이 모여 만들어지는데…

세상에! 누가 내 만화에서 저렇게 끔찍하게 재미없는 분자생물학 이야기를 한 거야!

게이머들이 마우스를 이용해 단백질 구조를 움직여 가장 단순한 구조부터 시작해 점점 복잡한 구조로 진행하며, 이를 통해 아미노산 분자들의 구조와 상호작용에 관한 규칙을 배워 나갈 수 있게 만들었다.

2008년 발표한 이 게임은 2011년 9월 세포 내에서 에이즈 바이러스가 증식하는 데 필수적인 단백질의 구조를 밝혀내기도 했다.

게임에서 알파 헬릭스는 스프링 모양, 베타 시트는 지그재그 모양, 루프는 선 모양으로 단순하게 바꿔 놓았군!

거기 누구요?!

* 그림 출처: http://fold.it/portal/info/science

시민 과학에서 게임의 활용은 계속해서 증가하고 있다. RNA 분자구조를 만드는 〈이터나(EteRNA)〉, 질병 유전자 해독 게임인 〈파일로(Phylo)〉, 뇌 지도를 그려 나가는 〈아이와이어(Eyewire)〉 등 여러 분야에서 좋은 성과를 내고 있다.

시민 과학, 그리고 게임의 접목으로 또 한 번 과학 연구에서 새로운 형태가 등장한 것입니다.

재미는 인간 활동의 가장 중요한 요소다. 게임은 재미라는 아미노산으로 구성된 단백질과도 같다. 이 단백질이 어떤 역할을 할지는 우리 손에 달려 있다.

영~ 혼자 떠들고 있는 듯한 기분이다.

히히~

만화로 분자세포생물학 교과서를 그린
한양대학교 생명과학과 신인철 교수

색다른 좀비에 대한
아이디어를 얻다

라스트 오브 어스

제발~ 우린 감염되지 않았어요.

되돌아가시오!

딸만이라도…

투 두 두둑~

사라? 사라?

OH-NO!

게임이 왜 시작부터 이렇게 슬픈 거야….

시작부터 아빠 게이머들의 가슴을 저미게 했던 〈라스트 오브 어스 (Last of Us)〉.

엄마~ 아빠 게임하면서 운대요~

이 작품은 엄청난 판매량을 기록했을 뿐 아니라 수많은 상을 거머쥐며 흥행과 작품성에서 게임계에 한 획을 그었다.

이런 쌍~

욕 좀 하지 마, 엘리.

개발 초기에는 그래픽만 번지르르한 또 하나의 세기말 좀비 게임일 거라는 우려의 목소리도 들렸지만, 막상 뚜껑을 열어 보니 게임에서 좀비의 비중은 그리 크지 않았다.

그래서 공포 게임을 못하는 저도 충분히 즐길 수 있었습니다.

풍비박산 난 세계에서의 인간 군상을 그리는 〈라스트 오브 어스〉는 소녀와 중년 남성의 세기말 로드무비 게임이었다.

엿 같은 좀비들!

제발 엘리!

개발자 닐 드럭만이 만들고자 했던 것은 평범하지 않은 '좀비 게임'이었다. 이 작품에서는 다른 좀비 게임에서 보기 힘든 무거운 주제의식에 더해 독특한 '동충하초 좀비'가 눈에 띈다.

동충하초가 인간에게 옮겨붙는다면 어떨까, 어떻게 사람의 몸을 잠식하고 감염을 확산시킬까 하는 생각이 들었습니다.

〈라스트 오브 어스〉 개발자 닐 드럭만(Neil Druckmann)

동충하초는 곤충을 감염시키고 그 몸을 양분 삼아서 자라는 균류를 말한다. 동충하초에 감염된 곤충의 모습은 매우 기괴하다. 동물도 아닌, 균류가 숙주를 죽이고 몸을 뚫고 나온 장면을 보면 여러 아이디어가 떠오르지 않을 수 없다.

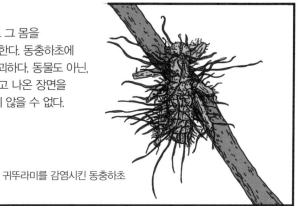

귀뚜라미를 감염시킨 동충하초

기생 균류를 더 자세히 살펴보면 상상을 뛰어넘는 훨씬 흥미로운 세계가 펼쳐진다.

자연계에는 약 1000여 종의 균류가 곤충을 감염시키고 죽이는 것으로 알려져 있다.

균류는 해충의 생물학적 방제에 이용하기도 한다. 백강병균(*Beauveria bassiana*)은 그중 하나다.

〈라스트 오브 어스〉의 동충하초 좀비처럼 숙주의 행동을 조정하는 균류도 존재합니다.

곤충곰팡이목(Entomophthorales)은 감염된 곤충을 죽기 전에 높은 위치로 이동시켜 더욱 효율적으로 포자를 퍼뜨린다.

박쥐나방동충하초(*Ophiocordyceps sinensis*)는 박쥐나방 애벌레를 감염시키고, 숙주를 죽이기 전에 대략 1~3cm 정도 토양 표면 가까이 이동시켜 머리에서 자실체를 자라게 한다.

특히 개미를 감염시키는 좀비곰팡이(*Ophiocordyceps unilateralis*)는 이름대로 숙주를 좀비화한다.

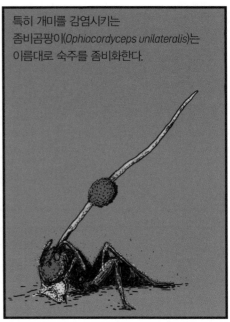

이 곰팡이는 개미의 체내에 침입하여 연한 조직을 갉아먹으며 양분으로 삼는 동시에 죽기 전에 숙주 개미의 행동을 통제해 덥고 건조한 나무 상층부 나뭇잎 사이의 개미집에서 나와 하층부의 습하고 그늘진 곳으로 이동시킨다. 그러나 여기서도 좀비 곰팡이의 꼼꼼함이 빛을 발한다.

감염된 개미가 이동하는 곳은 습도가 94~95%, 온도는 섭씨 20~30도이며 지면으로부터 약 25cm 안팎의 높이에 위치한 북쪽을 향하고 있는 묘목의 잎 뒷면이다. 그곳에서 감염된 개미는 잎맥을 턱으로 물고 있다. 곧이어 머리에서 자실체가 자라고 포자를 방출하여 밑을 지나가는 또 다른 개미들을 감염시킨다. 감염에 실패한 일부 포자는 두 번째 기회를 노리기도 하는데 떨어진 토양에서 천천히 자라면서 근처에 개미가 지나가면 들러붙는다.

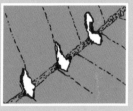

독일에서는 약 4800만 년 전 시신세(始新世) 나뭇잎 화석에서 좀비곰팡이에 감염된 개미가 잎맥을 물었던 것으로 추정되는 흔적이 관찰되었다. 아마도 좀비곰팡이와 개미의 악연은 매우 오래된 것으로 보인다.

좀비곰팡이에 감염된 개미가 물고 있던 것으로 보이는 흔적이 나뭇잎 화석에서 관찰되었다. 감염된 개미는 잎맥을 강하게 물고 있는데, 그로 인해 잎맥이 잘려 나가기도 한다.

＊그림 출차: Hughes, David P., Torsten Wappler, and Conrad C. Labandeira. "Ancient death-grip leaf scars reveal ant-fungal parasitism." *Biology letters* 7.1 (2011): 67–70.

오랜 세월 좀비곰팡이는 숙주 개미의 행동을 조작하기 위해 특정 개미종에 전문화되었다. 그 결과 각각의 좀비곰팡이종은 특정 개미종만을 감염시킬 수 있는 것으로 나타났다.

공진화 (coevolution)

2014년에 이를 확인하는 재미있는 연구가 발표되었다. 펜실베이니아 주립대학교의 데이비드 P. 휴스와 연구팀은 좀비곰팡이를 파트너 개미가 아닌 다른 개미종의 체내에 직접 주입했다.

그 결과 다른 개미도 감염시켜 죽일 수는 있지만, 숙주 행동 조작은 일으키지 못하는 것으로 조사되었습니다.

오랫동안 좀비곰팡이를 연구해 온 펜실베이니아 주립대학교의 곤충학 및 생물학 조교수 데이비드 휴스(David P. Hughes)

그렇다면, 과연 좀비곰팡이는 어떻게 개미의 행동을 통제하는 걸까? 아직 핵심 메커니즘은 밝혀지지 않았지만, 상상하듯이 곰팡이가 뇌에 직접 침입해서 난동을 부리는 것은 아니다.

좀비곰팡이에 감염된 개미의 머릿속은 균사체로 빽빽이 채워진다. 휴스에 따르면 균사체는 근육섬유와 뇌 주변 및 후인두선(postpharyngeal gland)에는 있지만, 근육 및 뇌, 분비샘(glands)에서는 발견되지 않았다. 눈에 띄는 점은 하악근의 위축이었는데, 이로 인해 개미는 강하게 잎맥을 물고 있을 수 있다.

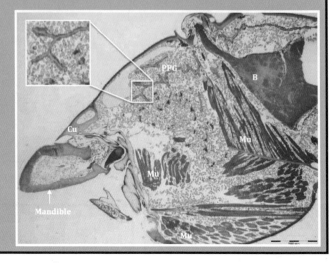

좀비곰팡이에 감염되어 잎맥을 물고 있는 개미 머리를 좌우로 절개한 광학현미경 사진. 균사체인 회색 점들이 가득 차 있는 것을 볼 수 있다.

B: 뇌
Cu: 표피
Mandible: 아래턱
Mu: 근육
PPG: 후인두선

*그림 출처: Hughes, David P., et al. "Behavioral mechanisms and morphological symptoms of zombie ants dying from fungal infection." *BMC ecology* 11.1 (2011): 13.

휴스의 연구팀은 곰팡이가 숙주 개미의 행동을 조작하기 위해 중추신경과 상호작용할 수 있는 화합물을 생성할 것으로 추측하고, 대사산물을 조사했다.

* 대사산물(metabolite): 대사 과정 중이나 후에 만들어지는 분자 단위의 산물

이를 위해 특정 좀비곰팡이의 파트너 개미종을 비롯해 몇 종의 개미 뇌를 꺼내 특정한 배지에서 살아 있는 상태로 유지시켰다.

이러한 처리는 살아있는 개미 전체와 관련한 복잡성을 줄이고, 개미 뇌와 마주할 때 곰팡이가 생산하는 화학물질이 무엇인지를 알아내는 데 효율적입니다.

그래도 너무 하는 것 아냐!

그리고 파트너 개미종과 아닌 종의 뇌 주위에서
좀비곰팡이를 배양하여 곰팡이가 분비하는 화합물
차이를 측정했다. 그 결과 수천 가지의 고유한
화학물질을 발견했는데, 감염된 파트너 개미의 뇌에서
신경 조절 물질인 높은 농도의 구아노부티르산
(guanobutyric acid, GBA)과 스핑고신(sphingosine)이
특히 눈에 띄었다. 두 물질은 신경 질환에 관여한다고
보고되어 있다.

오~ 그럼 반대로 이 화합물을
파트너 개미한테 주입하면
같은 행동을 보일까요?

우리도 당연히
그것이 궁금했습니다.

연구팀은 판매되고 있는
이 두 화합물의
표준용액을 반대로
개미에 주입해 보았다.

그러나 감염된 개미에서 보이는
행동 패턴은 유발되지 않았다.

자연이… 이렇게 단순할
리가 없겠지요….

아마도 좀비곰팡이는 두 화합물 말고도
더 다양한 요소들에 의한 상호작용의 결과로
숙주의 행동을 통제하는 것으로 보인다.

어쨌든 뇌가 없는 미생물이
뇌가 있는 생물을 통제하다니
참으로 놀라운 일입니다.

〈라스트 오브 어스〉의 개발자 닐 드럭만은 BBC 다큐멘터리 〈플래닛 어스(Planet Earth)〉에서 동충하초를 보고 색다른 좀비에 대한 아이디어를 떠올렸다고 했다.

우와!

이처럼 과학은 창작자에게 무한한 영감의 원천이 되어 왔다. 자연의 경이로움을 그리는 과학은 상상력을 뛰어넘는 현실로 가득 차 있다.

과학…은…쉽고… 재밌…습니다…

전장의 중심에서
생물학을 외치다

지구방위군 5

〈지구방위군〉이란 게임은
단순명료하다.

느닷없이 들이닥쳐 묻지도 따지지도 않고 지구를
쑥대밭으로 만드는 미지의 막무가내 외계인들에
대항해 싸우는 액션 슈팅 게임이다.

죽어라!

두 투 두 투

콘셉트에서 느껴지듯 싸구려 B급 게임에서
출발했지만, 이제는 명실상부한 성공적인
시리즈로 자리 잡았다.

파 파

파 파

파 파

파

2018년 12월에는 그 최신작인
〈지구방위군 5〉가 발매되었는데

더빙까지 완전히 한글화한 덕분에
우리나라 게이머들도 더욱 몰입하여
즐길 수 있게 되었다.

EDF!

호쾌한 게임성으로 스트레스를
풀기에는 딱 좋은 게임이지만

외계인 디자인은 맥 빠지는
감이 없지 않습니다.

게임에 등장하는 외계인은
크게 인간형, 지구 동물형,
대형 괴수형, 비행기형이
있습니다.

이 중에서 지구 동물형은 외계인이란 말이
무색하게 지구에 사는 말벌, 개미, 거미,
쥐며느리를 거대화해 놓았을 뿐이죠.

이런 맥 빠지는 디자인은 아마도
B급 게임이라는 태생적 한계가 시리즈의
전통으로 자리 잡은 것으로 보인다.

게다가 날아다니는
두꺼비와 개구리형
외계인이라니…

지구 동물형 외계인은 대부분 절지동물문에서 선정했는데, 아마도 이들의 천연 갑옷인 큐티클에 기인한 듯하다.

큐티클은 절지동물 진화의 가장 성공적인 산물 중 하나로서 생존에 필수적이다.

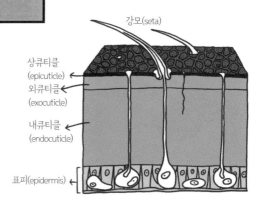

강모(seta)

상큐티클 (epicuticle)

외큐티클 (exocuticle)

내큐티클 (endocuticle)

표피(epidermis)

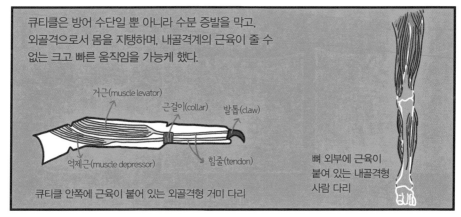

큐티클은 방어 수단일 뿐 아니라 수분 증발을 막고, 외골격으로서 몸을 지탱하며, 내골격계의 근육이 줄 수 없는 크고 빠른 움직임을 가능케 했다.

거근(muscle levator)

근걸이(collar)

발톱(claw)

억제근(muscle depressor)

힘줄(tendon)

큐티클 안쪽에 근육이 붙어 있는 외골격형 거미 다리

뼈 외부에 근육이 붙여 있는 내골격형 사람 다리

이렇게 '기똥찬' 큐티클의 외골격 시스템이 포유동물에서도 등장하지 않은 건 호흡, 탈피, 무게의 문제로 곤충처럼 작은 크기에만 적합하기 때문입니다.

게임에서야 뭐….

지구 동물형 외계인은 익히 잘 알려진 자신들의 특성을 무기화하여 공격한다.

침을 발사한다든지

산을 분수처럼 쏟아낸다든지

몸을 말아 부딪히지만

이 정도의 왜곡이야 SF적인 애교라 볼 수 있습니다.

하지만 거미에서는 생물학적 선을 넘어서고 있습니다.

어지러워…

거미는 약 3만 종에 이르는데, 그중 왕거밋과의 무당거미와 깡충거밋과의 깡충거미가 외계인으로 뽑히는 영광을 차지했다.

© 지구방위군 5

© 지구방위군 5

깡충거미는 거미 세계에서 튀는 존재다.

거미는 대부분 꼼짝하지 않고 먹이가 잡히거나 지나가기만을 기다리는 데 반해,

깡충거미는 먹이를 찾아 나서는 적극적인 사냥꾼이다.

덥썩—

깡충거미의 매력 포인트는 머리 앞쪽에 달린 커다란 두 눈인데 이는 먹이를 찾고, 쫓아, 덮치기 위해서는 3차원의 구조물들을 잘 헤쳐 나가야 하므로 다른 거미들과 달리 시각이 크게 발달했기 때문이다.

① 전중안(anterior median eyes): 시야각은 좁지만, 사물을 확대해 볼 수 있다.
② 전측안(anterior lateral eyes): 약 55도의 시야각을 가지며, 시야각이 겹치기 때문에 원근감을 제공한다.
③ 후측안(posterior lateral eyes): 약 120도의 시야각을 가지며, 뒤와 옆의 움직임을 포착한다.
④ 후중안(posterior median eyes): 아직 용도가 밝혀지지 않았다.

게임에서도 작은 후중안까지 놓치지 않고 표현했다.

후중안

© 지구방위군 5

123

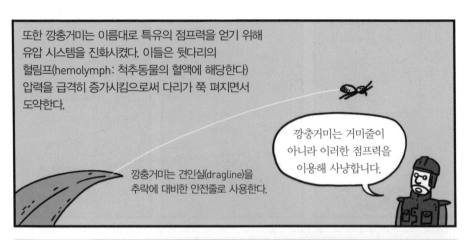

또한 깡충거미는 이름대로 특유의 점프력을 얻기 위해 유압 시스템을 진화시켰다. 이들은 뒷다리의 혈림프(hemolymph: 척추동물의 혈액에 해당한다) 압력을 급격히 증가시킴으로써 다리가 쭉 펴지면서 도약한다.

깡충거미는 견인실(dragline)을 추락에 대비한 안전줄로 사용한다.

깡충거미는 거미줄이 아니라 이러한 점프력을 이용해 사냥합니다.

그러나 게임에서는 이러한 사실을 깡그리 무시한 채 엉덩이에 위치한 실젖에서 거미줄을 줄줄 뿜어내며 공격하는 만행을 저지르고 있다.

3488
3551

© 지구방위군 5

덕지 덕지ー

나의 깡충거미는…

이렇지 않아!

투다다다ー

무당거미에서는 한술 더 뜬다.
게임 속 무당거미는 무려
실젖이 아닌 입에서 거미줄을
발사하고 있다. 가히 생물학적
참사가 아닐 수 없다.

© 지구방위군 5

또, 무당거미는 수직형
원형 거미그물만
치는 데 반해,
게임에서는 수평 그물을
쳐 놓고도 있다.

© 지구방위군 5

무엇보다 이들 거미에게선
'불쾌한 골짜기(uncanny valley)'가
느껴졌다.

이 불쾌감은…

직접 확인해야겠어!

그럼 그렇지!

내가 이럴 줄 알았다!

거미강은 크게 3개의 목으로 나뉜다. 원시적인 거미인 가운데실젖거미아목(Mesothelae), 타란툴라가 속해 있는 원실젖거미아목(Mygalomorphae), 그리고 우리에게 친숙한 거미줄을 치는 거미가 속해 있는 새실젖거미아목(또는 거미목, Araneomorphae)이다.

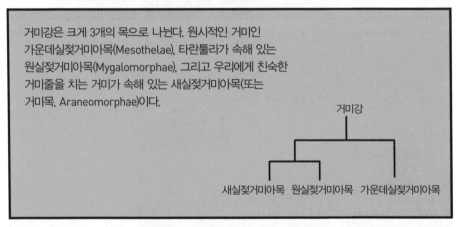

거미강

새실젖거미아목   원실젖거미아목   가운데실젖거미아목

가운데실젖거미아목과 원실젖거미아목은 거미그물을 치지 않는, 땅에 사는 거미들이며 그들의 엄니는 아래위로 움직인다.

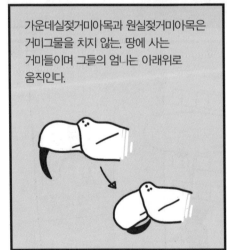

반면 여러 종류의 거미줄(silk)로 다양한 거미그물을 만드는 새실젖거미아목은 엄니가 수직이 아닌 각도로 기울어져 있으며 좌우로 움직인다.

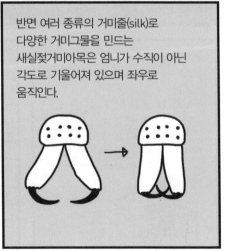

이러한 차이는 사냥법과 관련 있는 것으로 추정하고 있다.

땅에서 사냥하는 거미들은 먹이를 잡아 끌고 와야 하기 때문에 위아래로 턱이 움직이고,

거미그물을 치는 거미들은 먹이를 그물에서 잡아 들어 올려야 하기 때문에 좌우로 움직이도록 진화한 것으로 추정한다.

비록 깡충거미는 거미그물을 치지 않지만, 새실젖거미목에 속하기 때문에 엄니는 수평 방향으로 나 있고, 턱도 좌우로 움직인다.

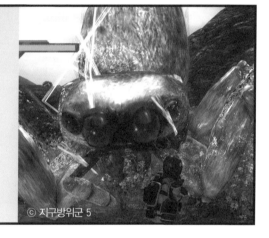

© 지구방위군 5

© 지구방위군 5

너무나 명확히 새실젖거미목임을 알 수 있는 무당거미는 말해 무엇하랴! 그러나 게임에서는 두 거미 모두 턱은 좌우로 움직이지만, 엄니는 수직 방향으로 나 있다.

어이가 없군.

무당거미 턱 꼬락서니 하고는!

으악~!

아무리 전쟁터라도 생물학은
중차대한 문제다!

그 말들은 모두
어디서 왔을까

레드 데드 리뎀션 2

애팔래치아산맥에서 시작하여 태평양 연안으로 펼쳐진 광활한 지역. 서부는 미국의 정신과 자본주의의 고향이자 영웅들의 무용담으로 가득 찬 공간이다.

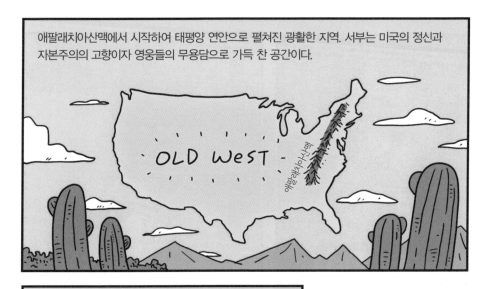

20세기에 큰 인기를 누렸던 서부영화는 서부를 개척과 모험의 땅으로 장식하면서 영원한 생명을 불어넣었다.

팡!

하지만 서부는 영화 프레임 속에 멈춰 서 있는 공간이 아닙니다.

서부는 역사의 흐름 위에 놓여 있는 시대이자 공간이었고, 그 속에는 삶을 이어 나가야 했던 다양한 사람들이 있었습니다.

2018년 11월 팬들의 환호 속에 발매한 〈레드 데드 리뎀션 2〉는 그러한 서부 시대의 황혼기를 그리고 있다.

19세기 말. 서부에도 법과 질서, 도시 문명이 유입되며 무법자들이 설 곳은 좁아져만 갔다. 반 더 린드 갱단의 일원인 주인공 아서 모건도 변화의 바람을 느끼고 있었다.

이 짓을 하며 살 수 있는 시대는 지났어.

하지만 삶의 관성을 바꾸기란 쉽지 않다.

헤이~ 모건! 멍청한 표정 그만 짓고 열차나 털러 가자!

좋지~!

기차는 서부에 변화를 가져온 바람이었다.

기차는 도시에서 사람과 물건, 그리고 질서를 들여왔다. 아무리 모건이 멈춰 세워도 기차 운행은 절대 중단되지 않는다.

그러나 그러한 흐름에도 변하지
않는 것이 있었습니다.

바로 말입니다. 서부로 개척민을 나르고,
소 떼를 몰고, 전쟁과 탐험을 수행하는 등 말은
서부 개척 시대에 없어서는 안 될 동반자였습니다.

철도가 가져온 변화는
서부의 옛것들을 차츰 몰아냈지만,
말은 예외였습니다.

말은 오히려 더 증가했습니다.
짐을 철도까지 실어 오고, 다시
철도에서 각지로 운반하는 데
말의 도움이 절대적으로
필요했기 때문입니다.

이처럼 말은 서부를
상징하지만,

원래 서부에는
말이 없었습니다.

15세기 전까지만 해도
아메리카 대륙에서는 말의
그림자도 볼 수 없었다.

역설적이게도 북아메리카는 말의 기원지다. 원시 말들은 그곳에서 번성했고, 세계 각지로 퍼져 나갔다.

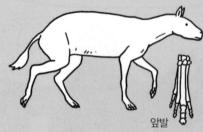

말의 가장 오래된 조상인 하이라코테리움 (*Hyracotherium*)은 4개의 앞발가락과 3개의 뒷발가락을 가진 고양이만 한 동물이었다.

앞발

1개의 말굽을 가진 현대 말의 조상 에쿠스(*Equus*)는 북아메리카에서 약 400만 년 전에 유래한 것으로 보인다. 크기는 지금의 말보다 작아 조랑말만 했다.

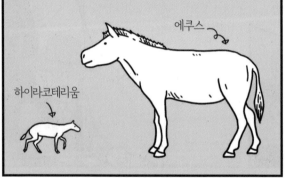

에쿠스

하이라코테리움

그러나 빙하기는 말들의 낙원을 완전히 바꿔 놓았다.

시베리아

알래스카

베링육교

베링육교는 플라이스토세의 빙하기에 해수면이 낮아지면서 시베리아와 알래스카 사이에 놓인 육지를 말한다.

모든 원시 말은 멸종했고, 에쿠스만이 살아남아 베링육교를 건너 유라시아에 진출했다. 에쿠스 일부가 북아메리카로 돌아오긴 했지만, 다시 찾아온 기상이변과 천적들 때문에 결국 1만 3000년~1만 1000년 전에 멸종한 이후 이 대륙에서는 더 이상 말을 볼 수 없었다.

변화는 배를 타고 왔다.

16세기 초부터 스페인 탐험가들과 함께 말이 들어왔다.

그중에서 후안 데 오냐테(Juan de Oñate, 1550~1626)는 1595년에 도착해 뉴멕시코 지역에 성공적으로 대규모 정착촌을 건설했다.

보통 스페인은 전장에 수말을 데려가지만, 탐사를 하고 정착지를 유지하려면 말이 많이 필요했기 때문에 그들은 암말을 데려와 번식시킬 수밖에 없었습니다.

그곳에서는 종종 말들이 도망쳤을 것이며,

또한 1680년 인디언들에게 정착지를 뺏기면서 그곳의 말들은 서부 전역으로 퍼지게 되었습니다.

그렇게 말들은 서부에 정착했지만, 현대에 이르러 또 다른 변화에 놓이게 되었다.

현재 미국의 야생말은 토종일까, 아닐까?
이는 야생말에게 생존과 직결된 문제가 되었다.

아메리카에 있던 에쿠스는 1만 년 전에 멸종했다.

유라시아

북아메리카

유라시아로 건너간 에쿠스는 가축화되며
아종인 에쿠스 카발루스(*Equus caballus*)
가 되었다.

에쿠스   에쿠스 카발루스

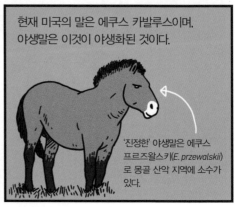

현재 미국의 말은 에쿠스 카발루스이며,
야생말은 이것이 야생화된 것이다.

'진정한' 야생말은 에쿠스
프르즈왈스키(*E. przewalskii*)
로 몽골 산악 지역에 소수가
있다.

따라서 미국 토지관리국은 야생말을
토종으로 여기지 않는다.

분류학적으론 유럽에서
들어온 외부 유입 종일
뿐입니다.

토종이 아니기 때문에 야생말은 서식지를
보호받지 못하고, 소를 키우기 위한
목초지 확보라는 명분에 밀려 이리저리
쫓겨다니는 신세가 되었다.

최근 분자생물학계에서는 미토콘드리아 DNA 돌연변이율을 근거로 카발루스가 약 170만 년 전 북미에서 등장했다고 보고했다.

난 북아메리카에서 건너갔다가

유라시아

북아메리카

이를 근거로 동물보호단체는 본래의 종과 다를 바 없으니 토종으로 보고 보호해야 한다고 주장한다.

다시 돌아왔을 뿐인 걸요.

유라시아

북아메리카

그럼 과연 수천 년 동안의 가축화는 DNA를 얼마나 바꿔 놓을 수 있을까?

떠나기 전 카발루스와 가축화되어 돌아온 카발루스는 같을까요, 다를까요?

그러나 한 번도 가축화되지 않은 카발루스의 표본을 구할 수 없기 때문에 이러한 비교는 불가능합니다.

서부 개척의 선봉에 섰던 말은 이제 지엽적인 토종 논란에 안위가 걸려 있는 처지가 되었다.

삶은 변화하는 시대의 흐름 위에 떠 있는 배와 같다.

배가 어디로 흐를지 알 수 없고,

우리는 그저 더 나은 방향이기를 바라며 노를 저을 뿐이다.

영웅은 꼬이지 않는다

스파이더맨

21세기를 대표하는
문화 장르이자 아이콘이 된
슈퍼 히어로.

그들은 마블 코믹스와 DC 코믹스라는
미국의 양대 만화 출판사에서 기원한다.

이제 안심하세요!

두 회사는 20세기 초중반부터 지금까지 많은
슈퍼 히어로를 탄생시켰다. 그중에서 몇몇
캐릭터는 일찍부터 미디어를 타고 대중문화
속으로 널리 전파되어 일종의 대명사가 되었다.

뭐야, 구리게 생긴
저 사람은.

슈퍼맨이 아니네.

입으로 BGM을
넣고 있어.

배트맨, 슈퍼맨, 스파이더맨이
바로 그러한 캐릭터일 것입니다.

이 중에서 배트맨과 스파이더맨은 각각 DC와 마블을 대표하는, 비슷하면서도 정반대의
캐릭터다.

배트맨이 막대한 자산을 가진 중년 남성으로
전반적으로 묵직하고 어두운 분위기를
풍긴다면,

스파이더맨은 가난한 소시민 젊은이이며,
밝고 유머러스한 분위기를 풍긴다.

자본주의의 맛을
보여주마!

맙소사! 벌써 이번 달
월세 내는 날이야!

반면 이 둘은 이름에서도 알 수 있듯이, 생물에 기반한 콘셉트의 슈퍼 히어로라는 공통점을
가지고 있다.

그러나 배트맨은 복장의 색과 형태에서만
박쥐의 이미지를 빌려왔을 뿐,
생물학적 능력을 반영하지는 않았다.

정의를 향한 마음이야말로
내 진정한 무기지.

배트맨 아저씨는
그냥 싸움 잘하는
부르주아일 뿐이죠!

이에 비해 스파이더맨은
초인적인 능력과 함께
거미줄이라는 거미의
생물학적 특성을
적극적으로 반영하고 있다.

거미줄을 타고 날쌔게 빌딩 숲 사이를
날아다니고, 거미줄로 적을 제압하는
모습은 다른 슈퍼 히어로와는 명확히
구별되는 스파이더맨만의 특색이다.

뭐? 싸움 잘하는
부르주아 아저씨?!

끼야호ー

스파이더맨이 만화책에서 벗어나 영상에서도
그 매력을 뽐내기 위해서는 그 특유의 날렵한
움직임과 거미줄 액션을 표현하는 것이
중요했습니다.

오하하하ー

특히 영화와 달리, 게이머가 직접 조작하는
게임에서 스파이더맨의 빠른 움직임을
자연스럽게 구현하기란 쉽지 않은 일이었습니다.

으악

에라이~
이거나 먹어라!

지금까지 다수의 스파이더맨 게임이 등장했지만, 기술적인 한계 등으로 인해 스파이더맨 특유의 움직임을 선보이는 데는 아쉬움이 많았다.

하지만 마침내 2018년에 이르러 한 차원 높은 스파이더맨 게임이 등장하게 되었다.

그에 반해 배트맨 게임은 2009년에 발매한 〈아캄 어사일럼〉을 필두로 수준 높은…

인섬니악 게임스에서 제작한 이번 〈스파이더맨〉은 자연스러운 움직임과 속도감이 느껴지는 웹스윙의 구현에서 눈부신 발전을 이루었다. 간단한 키조작만으로 빠르고 역동적인 움직임을 자유롭게 구사할 수 있다.

ⓒ 스파이더맨

꼼꼼하게 묘사한 뉴욕의 마천루 사이를 웹스윙으로 날아다니는 쾌감은 가을 비염으로 꽉 막힌 콧구멍을 시원하게 뚫어 준다.

ⓒ 스파이더맨

또한 쉽지 않은 난이도, 거미줄을 이용한 다양한 격투와 잠입 액션의 연출은 적절한 긴장감과 함께 게임의 흥미를 더해 준다.

이처럼 스파이더맨에서 거미줄은 상징이자 핵심이다. 거미줄이 없는 스파이더맨은 상상할 수 없다.

마치 돈 없는 배트맨을 상상할 수 없는 것처럼 말이죠.

받아라! 자본주의 킥!

퍽!

한마디로 스파이더맨의 모든 액션은 거미줄에서 시작하고 끝난다.

스파이더맨이 거미줄을 이용해 선보이는 다양한 액션만큼이나 실제로 거미줄은
다양한 종류와 특성을 가지고 있다. 거미는 7개의 거미줄 샘에서 5개의 섬유성 실과
2개의 접착성 실을 만든다.

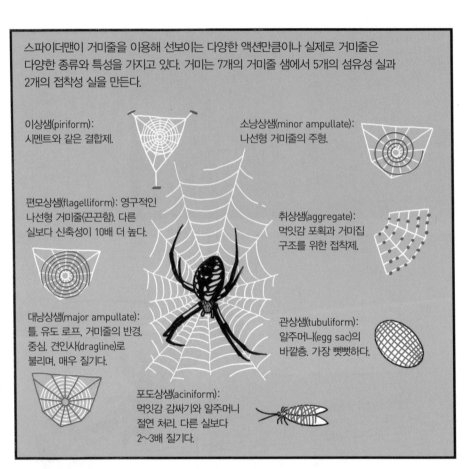

이상샘(piriform):
시멘트와 같은 결합제.

소낭상샘(minor ampullate):
나선형 거미줄의 주형.

편모상샘(flagelliform): 영구적인
나선형 거미줄(끈끈함). 다른
실보다 신축성이 10배 더 높다.

취상샘(aggregate):
먹잇감 포획과 거미집
구조를 위한 접착제.

대낭상샘(major ampullate):
틀, 유도 로프, 거미줄의 반경,
중심. 견인사(dragline)로
불리며, 매우 질기다.

관상샘(tubuliform):
알주머니(egg sac)의
바깥층. 가장 뻣뻣하다.

포도상샘(aciniform):
먹잇감 감싸기와 알주머니
절연 처리. 다른 실보다
2~3배 질기다.

흔히 말하는 것처럼 거미줄은 가장
강한 재료는 아니다. 물론 거미줄은
강철보다는 강하지만, 산업용 섬유인
케블라(Kevlar)보다는 약하다.

하! 내 갑옷은
케블라로 만든 것이지.

거미줄의 장점은 인성(靭性: 재료의 질김)이
가장 뛰어난 재료로, 특히 운동에너지를
흡수하는 데 탁월하다는 점이다. 케블라는
운동에너지를 흡수하지 않는다.

하!

그래서 연구자들은 오래전부터 거미줄을 인공적으로 합성·생산하기 위해 노력하고 있지만, 아직 가야 할 길은 멀다. 현실이야 어찌 됐건 머리 좋은 히어로 피터 파커는 잘도 거미줄을 합성해 활용하고 있었다.

하지만 앞서 보았듯이, 실제 거미줄은 거미의 손이 아닌 똥꼬, 아니 엉덩이 쪽에 위치한 방적 돌기에서 나온다.

폼 안 나게 적들을 향해 엉덩이를 내밀고 거미줄을 쏠 수는 없으니 손은 당연한 선택이지만,

하하~ 난 이 자세도 멋있다고 생각해요!

정의를 지킨다는 녀석의 꼬락서니 하고는….

거미의 상징적인 자세를 구현하고자 할 때 약간의 문제가 있었을 것이다.

하지만 거꾸로 내려오는 거미를 묘사하기 위한 스파이더맨의 '아크로바틱한' 자세는 명실상부한 상징적 포즈가 되었다.

얼굴에 피 쏠리네.

최근 중국과 영국의 연구자들은 거미, 그리고 스파이더맨의 그러한 포즈가 거미줄의 또 다른 특성 때문에 가능하다는 연구 결과를 발표했다.

아마도 외줄에 매달려 본 사람이라면 알겠지만, 사실 저렇게 흔들리지 않고 안정적으로 매달릴 수가 없습니다.

흥미롭군!

안녕!

외줄에 매달리면 가만히 있으려 해도 무게중심, 바람 등의 영향으로 한쪽으로 꼬이게 되고,

꼬인 줄은 복원력으로 인해 다시 반대 방향으로 회전하면서 결국 시계 방향과 반시계 방향을 반복해서 회전하게 된다.

그러나 연구진은 구리선, 탄소섬유, 인간의 머리카락 등 다양한 섬유들에 비해 거미줄은 그러한 비틀림이 일어났을 때 에너지의 75%를 방출하며 급격히 느려진다는 것을 발견했습니다.

뱅글 뱅글

살려 줘!

그 이유는 초기 뒤틀림에서 원래의 정지점 위치가 바뀌기 때문이었다.

146

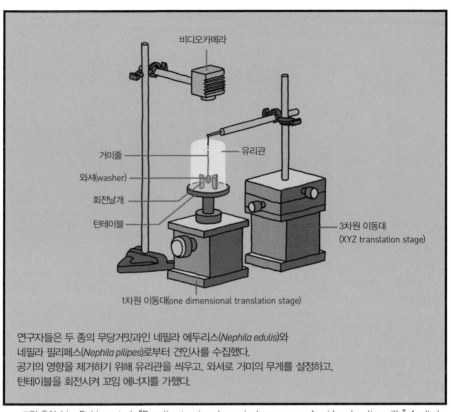

비디오카메라

거미줄
유리관
와셔(washer)
회전날개
턴테이블

3차원 이동대
(XYZ translation stage)

1차원 이동대(one dimensional translation stage)

연구자들은 두 종의 무당거밋과인 네필라 에두리스(*Nephila edulis*)와
네필라 필리페스(*Nephila pilipes*)로부터 견인사를 수집했다.
공기의 영향을 제거하기 위해 유리관을 씌우고, 와셔로 거미의 무게를 설정하고,
턴테이블을 회전시켜 꼬임 에너지를 가했다.

* 그림 출처: Liu, Dabiao, et al. "Peculiar torsion dynamical response of spider dragline silk." *Applied Physics Letters* 111,1 (2017): 013701에 실린 그림을 옮겨 그렸다.

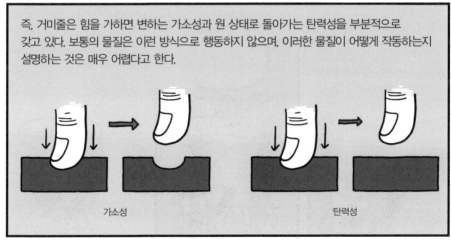

즉, 거미줄은 힘을 가하면 변하는 가소성과 원 상태로 돌아가는 탄력성을 부분적으로
갖고 있다. 보통의 물질은 이런 방식으로 행동하지 않으며, 이러한 물질이 어떻게 작동하는지
설명하는 것은 매우 어렵다고 한다.

가소성

탄력성

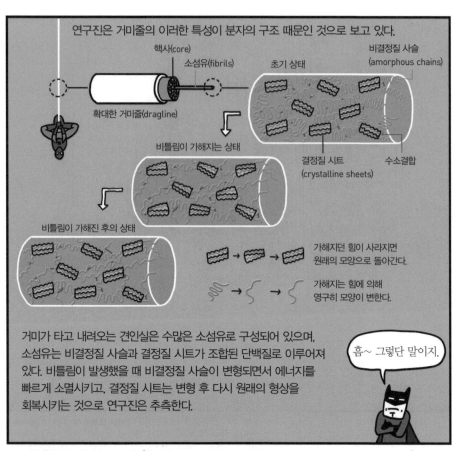

연구진은 거미줄의 이러한 특성이 분자의 구조 때문인 것으로 보고 있다.

핵사(core)

소섬유(fibrils)

확대한 거미줄(dragline)

초기 상태

비결정질 사슬 (amorphous chains)

결정질 시트 (crystalline sheets)

수소결합

비틀림이 가해지는 상태

비틀림이 가해진 후의 상태

가해지던 힘이 사라지면 원래의 모양으로 돌아간다.

가해지는 힘에 의해 영구히 모양이 변한다.

거미가 타고 내려오는 견인실은 수많은 소섬유로 구성되어 있으며, 소섬유는 비결정질 사슬과 결정질 시트가 조합된 단백질로 이루어져 있다. 비틀림이 발생했을 때 비결정질 사슬이 변형되면서 에너지를 빠르게 소멸시키고, 결정질 시트는 변형 후 다시 원래의 형상을 회복시키는 것으로 연구진은 추측한다.

흠~ 그렇단 말이지.

*그림 출처: Liu, Dabiao, et al. "Peculiar torsion dynamical response of spider dragline silk." *Applied Physics Letters* 111.1 (2017): 013701에 실린 그림을 옮겨 그렸다.

거미줄이 그렇게 뛰어난 물건이라면 나도 개발해 볼까? 까짓거 연구비 좀 쓰면 뚝딱이지 뭐.

뭐? 당신 지금 무슨 소릴…!

오예~ 돈이다~

양과 염소 사이에서

캐서린 풀보디

결혼은 1+1 같은 단순한 셈이 아니다.

게임에 비유하자면 혼자 플레이하는 것과 팀 플레이를 하는 것만큼 다르다.

서로 손발이 맞으면 둘이 하는 게임은 그 무엇과도 비교할 수 없는 재미와 희열을 주지만,

아빠가 앞을 막을게. 넌 뒤를 막아~

응~ 알았어.

그렇지 않다면 원망과 분노의 지옥길이 펼쳐진다.

뒤를 막으라고!

옙!

여차하면 다시 할 수 있는 게임과 달리 삶은 되돌릴 수 없기 때문에 남녀 모두 결혼이라는 큰 변화 앞에서 두려워하고 망설이게 된다.

에이~ 나중에 혼자 다시 해야지.

내 아이템 먹지 마라.

〈캐서린 풀보디〉는 결혼이라는 인생의 변화 앞에서 방황하는 주인공 빈센트의 이야기를 그린 게임이다.

2019년에 발매한 〈캐서린 풀보디〉는 2011년에 발매한 〈캐서린〉의 리메이크 확장판이다.

여자친구와의 결혼을 앞두고 혼란스러워하는 빈센트에게 설상가상 연인과 이름이 같은 2명의 캐서린이 등장한다. 빈센트는 3명의 캐서린 사이에서 갈팡질팡하며 혼란과 갈등, 죄책감으로 매일 밤 악몽에 시달린다.

이 게임은 줄거리만 놓고 보면 어드벤처 장르일 듯 하지만, 의외로 퍼즐 장르를 취하고 있습니다.

〈캐서린〉은 현실 파트인 술집과 악몽 파트인 퍼즐을 오가며 진행된다. 빈센트는 밤마다 악몽 속에서 자신의 불안과 공포가 만든 괴물을 피해 큐브를 옮겨 위로 도망쳐야 한다.

퍼즐의 난이도가 만만치 않아서 성인 취향의 그래픽에 혹해 플레이를 했다가는 심각한 자괴감에 빠질 수 있으니 각별한 유의가 필요하다!

악몽에 등장하는 남자들은 모두 양의 모습을 하고 있습니다.

빈센트도 악몽 속에서는 머리에 양뿔이 달린 모습인데, 상대에게는 양인간으로 보인다는 설정을 하고 있죠.

양은 이 게임에서 마스코트이며, 중의적인 상징성을 갖습니다.

잠이 오지 않을 때 양을 센다는 관용적 표현에서 보듯이, 양은 꿈을 나타냅니다.

게임에서는 잠과 양의 연관성에 대해 두 단어의 스펠링이 비슷한 것에서 유래하였다고 설명한다.

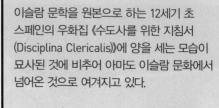

하지만 이것은 틀린 설명입니다. 이에 대한 명확한 기원은 알려져 있지 않습니다.

속을 뻔했다!

양을 방목했던 중세 영국의 목동들이 자기 전에 양의 수가 맞는지 세었던 것에서 시작되었다는 설이 있지만,

이슬람 문학을 원본으로 하는 12세기 초 스페인의 우화집 《수도사를 위한 지침서 (Disciplina Clericalis)》에 양을 세는 모습이 묘사된 것에 비추어 아마도 이슬람 문화에서 넘어온 것으로 여겨지고 있다.

책의 저자 페트루스 알폰시 (Petrus Alphonsi)

기원이 무엇이든 양을 세는 것이 관용적 표현으로 굳어진 이유는 아마도 양을 세는 단순 반복적인 행위가 더 쉽게 잠에 빠지게 한다고 생각했기 때문일 것이다.

31, 32, 33…

그러나 믿음과 달리 양은 우리를 꿈속으로 인도하지는 못하는 듯하다.

4……몇까지 셌더라?!

2000년대 초반 불면증을 연구하는 옥스퍼드대학교의 한 연구팀은 머릿속으로 양을 세는 것보다 조용한 해안가나 흐르는 시냇물을 떠올리는 게 잠드는 데 훨씬 더 도움이 된다고 말했다.

비록 양은 수면제로서 효능이 없다고 밝혀졌지만, 일찍부터 인간에게 사육되어 털, 우유, 가죽, 고기 등 자신의 모든 것을 인간에게 선물했다.

양을 사육할 수 있었던 데는 온순한 성격도 한몫했을 것이다. 양의 온순함은 성경을 비롯하여 여러 문학작품에서 언급되고 있다.

그러나 게임에서 양은 우유부단하며 후회와 두려움으로 결정을 주저하는 겁 많은 사람을 상징하기도 합니다.

현실 파트의 공간인 주점의 이름은 스트레이 시프(Stray Sheep: 길 잃은 양)다.

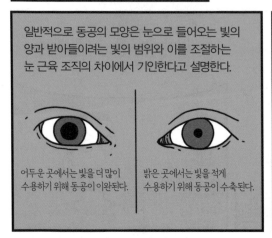

옆으로 길쭉한 동공의 모양 또한 양이 겁이 많은 초식동물이라는 것을 말해준다고 과학자는 말한다. 이러한 눈은 양과 염소, 사슴, 말처럼 풀을 뜯는 초식동물들에서 볼 수 있다. 그럼 이 초식동물은 왜 이런 모양의 동공을 갖게 된 걸까?

일반적으로 동공의 모양은 눈으로 들어오는 빛의 양과 받아들이려는 빛의 범위와 이를 조절하는 눈 근육 조직의 차이에서 기인한다고 설명한다.

어두운 곳에서는 빛을 더 많이 수용하기 위해 동공이 이완된다.

밝은 곳에서는 빛을 적게 수용하기 위해 동공이 수축된다.

고양이의 경우 동공의 수축과 이완 시 면적이 최대 135배 차이가 난다.

야옹

하지만 이러한 주장은 동공의 모양이 왜 다양한지에 대해서는 설명하지 못합니다.

왜 대각선 모양의 동공은 없을까요?

육식동물의 사냥감 처지인 양은 늘 주위를 경계해야 한다. 이를 위해서는 사각지대를 최소한으로 줄이면서 최대한 넓게 볼 수 있어야 한다. 또한 동시에 시야각 끝에서도 물체가 또렷이 보여야 도망갈 경로나 장애물을 빠르게 찾고, 넘을 수 있다.

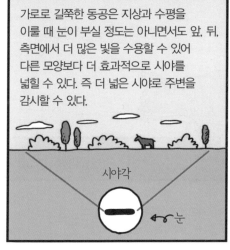

가로로 길쭉한 동공은 지상과 수평을 이룰 때 눈이 부실 정도는 아니면서도 앞, 뒤, 측면에서 더 많은 빛을 수용할 수 있어 다른 모양보다 더 효과적으로 시야를 넓힐 수 있다. 즉 더 넓은 시야로 주변을 감시할 수 있다.

시야각

눈

하지만 이 가설이 뒷받침되려면 동공은 항상 지면과 평행이 되어야 한다. 그렇지 않으면 긴 동공의 이점은 없다.

시야각

눈

실제로 관찰한 결과 양과 염소가 풀을 뜯기 위해 머리를 낮추면 눈동자의 동공이 지면과 평행을 유지하기 위해 움직이는 것으로 나타났다. 양의 눈은 각각 50도 이상 회전할 수 있으며, 이는 인간의 10배 이상의 범위라고 한다.

게임에서는 양의 동공이 지면과 항상 평행을 이루지는 않는다.

그럼 고양이와 같은 수직 동공의 이점은 무엇일까?

수직 동공은 보통 매복 포식자에게서 볼 수 있으며, 먹이에게 달려들 때 필요한 정확한 거리 측정에 효과적인 입체시와 흐림 효과를 최대화하는 것으로 나타났다.

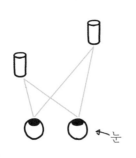

입체시(stereopsis): 두 눈의 시차를 이용해 입체감을 느끼는 것.

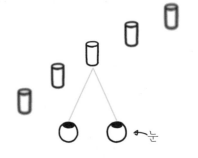

흐림 효과(blur effect): 초점을 맞춘 물체에서 거리가 멀어질수록 흐려지는 효과.

재미있는 점은 큰 고양잇과 동물은 수직 동공을 갖고 있지 않다는 것입니다.

사자와 호랑이는 인간처럼 둥근 눈동자를 가지고 있다.

수직 동공은 지면에 가까운, 즉 몸집이 작은 매복 포식자와 관련이 있다고 한다. 이를 연구한 버클리에 위치한 캘리포니아대학교의 마틴 뱅크스(Martin Banks) 교수의 연구팀은 눈이 정면을 향한 65마리의 매복 포식자 중 44마리가 수직 동공이었고, 그중 36마리는 42센티미터 미만의 어깨 높이를 가졌다고 한다. 연구팀은 지면에 가까운 작은 동물에게 수직 동공의 효과가 최대화된다고 말한다.

시선

* 그림 출처: Banks, Martin S., et al. "Why do animal eyes have pupils of different shapes?." *Science advances* 1.7 (2015): e1500391.

이처럼 옆으로 길쭉한 동공은 그 동물의 낮은 생태적 지위를 말해 줍니다.

하지만 우리가 그러한 눈을 마주할 때 느끼는 낯섦은 종종 공포로 받아들여지기도 합니다.

약 400만 년 전에 갈라선 먼 친척 관계인 양과 염소는 같은 눈을 하고 있는데도 사람들은 양이 아닌 염소의 눈에서 악마를 떠올렸다.

?

절렁
절렁

성경에서는 양을 선하고 정의로운 사람으로, 염소는 악한 사람으로 비유했다. 더 나아가 염소는 악마, 마녀가 변신하는 동물로 그려졌다.

프란시스코 고야(Francisco Goya, 1746~1828)의 1797년 작품 〈마녀의 안식일(Witches' Sabbaths)〉에 염소의 머리를 한 악마가 그려져 있다.

기원은 알 수 없지만, 염소의 머리에 자웅동체의 몸을 한 바포메트 (Baphomet)라는 악마도 전해진다. 현대에 알려져 있는 바포메트의 형상은 1856년 프랑스 신비주의자 엘파스 레비(Élphas Lèvi)의 책 《초월적 마법: 교리와 의식(Transcendental Magic: Its Doctrine and Ritual)》에 기반한다.

악마 취급을 받던 염소는 21세기가 되자 다시 신세가 역전된다. 이번에는 종교의 자유를 위한 선봉에 서게 되었다.

2017년, 제이슨 라퍼트(Jason Rapert) 공화당 상원의원의
후원으로 아칸소주 의회 앞에 십계명 기념비가
세워지면서 종교의 자유에 대한 갈등에 불이 붙었다.
십계명과 관련한 소동은 이번이 처음은 아니었다.
20세기 후반 모든 공립학교에 십계명을 붙이게 했던
켄터키주를 비롯해, 앨라배마 법원 앞에 십계명
기념비를 세웠던 로이 무어(Roy S. Moore) 대법원장이
있었으며, 2015년에는 오클라호마주에서 국회의사당 앞에
십계명 기념비를 세웠다가 큰 소란이 있었다.

아칸소주 의회 앞에 설치된 십계명 기념비에 항의해
사탄의 성전(Satanic Temple)이란 단체가 그 맞은편에
세우려고 한 것은 다름 아닌 바포메트상이었다.
이들은 2015년 오클라호마주 의회와도 전적이 있었다.
그때도 사탄의 성전은 바포메트상을 맞은편에 설치했고,
오클라호마주 대법원은 국가 부지를 특정 종교의
이익을 위해 사용하는 것을 금지한다고 판결함으로써
십계명 기념비도, 바포메트상도 철거되었다.

* 사탄의 성전은 평등주의, 사회정의 및 정교분리를
주장하는 무신론 단체로서, 조지 부시 대통령의
종교 편향적인 행동에 반발하여 2013년에 설립되었다.

우리는 어떤 악마적인
신념과 상징도
강요하지 않습니다.

우리는 사탄의 모습을
초자연적인 신이나 존재가 아닌
영원한 반역자, 깨달음을 위한 탐구와
개인의 자유를 대표하는 인간
본성의 상징으로 내세웁니다.

사탄의 성전 공동 설립자
루시엔 그리브스(Lucien Greaves)

161

바포메트상이 불길하고 무섭게 느껴진다면
이는 종교가 주입한 편견 때문입니다. 바포메트상은
아름다운 고대의 조각상일 뿐입니다.

현재 종교의 자유를 주장하는 몇몇 단체와
사탄의 성전은 아칸소 주의회 앞의 십계명
기념비를 철거해 달라는 소송을 진행 중에 있다.

학교와 사회는 양처럼
고분고분한 사람이 되라고
가르쳤습니다.

하지만 그런 양인간은 삶을
개척하지 못하고, 문제가
닥치면 겁에 질려
숨기 바쁜 〈캐서린〉 속
남자들이 되고 말았다.

종교적 은유를 지워 버린다면, 우리에게
필요한 것은 양보다는 오히려 염소의
모습일 것이다.

삶의 앞에 놓인 문제를 냅다
들이받을 수 있는 그런 염소 말이다.

아칸소주의 십계명 기념비는 2017년에 세워졌지만,
채 몇 시간이 지나지 않아 염소처럼 달려와 들이받은 트럭에 의해 산산조각이 났다.
트럭을 몰았던 남자는 이미 오클라호마의 십계명 기념비도 들이받은 경력이 있었다.
그는 구속되어 조현병 환자로 정신병원에 수감되었고,
십계명 기념비는 2018년에 다시 보강·제작되어 설치되었다.

직업의 선택

용과 같이 7

〈용과 같이〉 시리즈는 야쿠자라는 소재의 한계로 처음에는 일본 자국 시장만을 노리고 개발했지만 예상을 넘어 세계적으로 대히트를 하며 세가의 효자 게임으로 자리 잡았다. 2005년 첫 발매 후 10여 편이 제작되었고, 2020년에는 〈용과 같이 7〉을 발매하여 그 유명세를 이어 갔다.

개인적으로는 게임의 재미와 완성도와는 별개로 가치관이 맞지 않아, 그 명성에도 불구하고 한 편도 해본 적은 없습니다.

야쿠자의 사회정의와 세계 평화, 사랑과 음모, 풍자와 해학 등 몸에 좋은 것은 모두 넣은 십전대보탕 같은 이 게임은 인기가 높았던 만큼이나 야쿠자를 미화한다는 논란이 끊임없이 제기되어 왔다.

좋은 일진 같은 소리 하고 있네.

의리! 정의!

지금까지 〈용과 같이〉 시리즈는 현대를 배경으로 한 액션 어드벤처 게임이었지만, 〈용과 같이 7〉은 난데없이 일본식 정통 RPG로 제작한다는 발표로 발매 전부터 여러 팬들의 우려를 자아냈다.

누가 지루하기 짝이 없는 구닥다리 턴(turn) 방식의 게임을 한다고!

반면 나는 패미콤 시절 〈드래곤 퀘스트 3〉와 함께
게임을 시작했던 구닥다리 올드 게이머로서 과연
어떤 식으로 현대를 배경으로 한 야쿠자 누아르를
일본식 정통 RPG로 바꿔 놓았는지 궁금했기 때문에
〈용과 같이〉 시리즈 중 처음으로 플레이를 결심하게
되었다.

턴제라고? 재밌겠구먼!

나이를 먹어 액션 게임을 하면
몸이 피곤한 올드 게이머

그러한 호기심에서 플레이한 〈용과 같이 7〉은 옛 일본 롤 플레잉 게임(RPG)에 대한 오마주이자
패러디로서 웃음 짓게 만드는, 제작진의 기발한 센스가 돋보이는 유쾌한 작품이었다.

하지만 고지식한 아저씨 게이머 눈에는
여전히 좋은 일진 같은 소리하는 게임입니다.

알고 보니 착한 퇴폐업소 주인이라니, 쯧쯧~

© 용과 같이 7

이 넷은 용서할 수 없다!
바다에 상어밥으로 던져 버려!!

세간의 평가처럼
수준 높은 동양인
인물 모델링은
매우 인상적이다.

직업에 따라 현대적으로 재해석된 기발한 마법 연출은 배꼽을 잡게 만든다.

몬스터는 길가를 배회하는 폭력배와 분노조절장애자들이며, 주인공을 과대망상자(?)로 만듦으로써
이들을 좀 더 과장되게 표현할 수 있는 타당성을 부여했다.

그중에서도 제작진의
유쾌한 센스가
가장 돋보인 것은
전직(job change)
시스템*이었습니다.

* 직업에 따라 그에
맞는 특성이
부여되어 있고,
전직을 통해 각
직업의 특성을
습득함으로서
캐릭터를 육성하는
방식.

보스와 조직에 대한 의리로 살인죄를 대신 뒤집어쓰고 교도소에서 18년 동안 푹 썩고
출소한 야쿠자 카스가 이치반은 음모에 휘말려 자신의 나와바리(?)에서 쫓겨나 요코하마의
노숙자 신세가 된다.

먹고살기 위해 동사무소의 고용지원센터에서 아르바이트를 소개받아 일을 시작하는데,
바로 이후에 이 센터를 통해 전직을 할 수 있다. 정말 재치 넘치는 설정이다!

현대적인 배경에 맞게 직업이 바뀌어
있을 뿐 여느 롤 플레잉 게임과 마찬가지로
〈용과 같이 7〉에서도 전사, 마법사, 기사,
도둑 등 롤 플레잉에서의 전형적인 특성이
부여된 캐릭터들로 팀을 꾸려 게임을
진행한다.

이와 같은 직업이라는
개념과 이러한 조합들을
통해 팀을 꾸리는 모습은
행동학적 측면에서 매우
흥미로운 지점입니다.

개체로서는 그리 강하지 않았던 인간은
오래전부터 집단을 이루어 생활하고
사냥을 했다. 이렇게 각자의 역할을
부여하고 팀을 조직해 유기적으로 행동하는
인간의 본능은 우리 유전자에 각인되어
게임에서조차 드러나는 것이라고 볼 수
있다.

이러한 특성은 팀을 이루는 스포츠에서도 잘 드러납니다.

예를 들어, 농구에서는 누군가는 패스를 해주고, 누군가는 상대를 스크린 함으로써 슈터가 좀 더 편안한 상태에서 슛을 쏠 수 있게 하는 유기적인 플레이를 추구합니다.

선수들이 각자에게 주어진 역할을 잘 수행할수록 팀은 더 강해집니다.

팀 경기이면서 어느 정도의 폭력이 암묵적으로 용인되는 미국 아이스하키에서는 집단행동학에 관하여 더 흥미로운 면을 볼 수 있다.

169

브렛 하비(Brett Harvey) 감독의 다큐멘터리 〈아이스링크의 파이터들(Ice Guardians)〉에서는 인포서(enforcer)에 대한 이야기를 전한다. 인포서는 우리 편에 대한 상대팀의 보이지 않는 반칙이나 과격한 플레이에 대해 폭력으로 응징하는 선수를 말한다. 북미아이스하키리그(NHL)에는 각 팀마다 인포서의 역할을 하는 선수가 있는데 이들의 폭력적 대응은 상대편으로 하여금 우리 팀 선수를 해하지 못하게 하는 억제력을 발휘한다.

이러한 인포서는 특별히 다른 사람보다 더 폭력적이고 비도덕적인 사람이 아니며, 오히려 팀과 동료에게 헌신하는 특성을 갖고 있다고 한다. 또한 인포서의 역할은 외부에서 인위적으로 지명하지 않아도 모든 인간 집단에서 자연스럽게 나타난다고 하워드 블룸은 다큐멘터리에서 말한다.

한 집단은 일반적으로 리더, 인포서, 광대, 괴짜로 이루어져 있습니다. 이것은 범죄 조직부터 일반적인 조직까지 모든 사회집단에서 기본 구조로서 동일하게 나타납니다.

리더

인포서

괴짜

광대

인간 진화와 집단행동에 관한 책을 쓴 미국 작가, 하워드 블룸(Howard Bloom)

한 실험에서는 각 집단에서 뽑은
리더들만으로 만든 조직이 어떻게
변화하는지 관찰했는데,

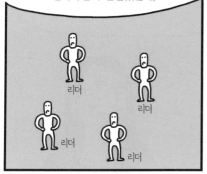

여기서도 다른 곳과 동일한 구조가
나타났습니다.

이러한 인간의 사회적 특성들은
어디서 기인하는 것일까요?

오~ 너무 재밌다!

인간은 매우 복잡한 동물이라 그의 행동에
영향을 끼치는 요소는 유전자부터 사회적인
영향에 이르기까지 매우 다양합니다.

하지만 단순한 모델을 이용한다면
이에 대한 비밀을 조금은 엿볼 수 있을
것입니다.

여왕개미부터 일꾼개미까지 개미 군집은 유전적으로 매우 비슷합니다. 그럼에도 불구하고 계급에 따라 모양, 크기, 행동에서 다양한 면을 보입니다.

펜실베이니아대학교의 후성유전학자 셸리 버거(Shelley Berger)와 동료들은 인간처럼 계급사회를 이루는 개미에 주목했다.

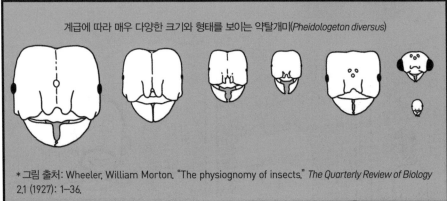

계급에 따라 매우 다양한 크기와 형태를 보이는 약탈개미(*Pheidologeton diversus*)

*그림 출처: Wheeler, William Morton. "The physiognomy of insects." *The Quarterly Review of Biology* 2.1 (1927): 1–36.

이러한 특성들은 유전적 차이가 아니라 후성유전학적 변화에 따른 것임을 추정할 수 있습니다.

후성유전(epigenetics)이란 간단히 말해 동일한 유전자라도 내외부의 변화에 의해 다르게 발현되는 것을 말합니다.

설계도

172

그들은 여러 개미종 중에서도 독특한 특성을 갖고 있는 목수개미(carpenter ant, *Camponotus floridanus*)와 점핑개미(Jerdon's jumping ant, *Harpegnathos saltator*)를 연구 모델로 선택했다.

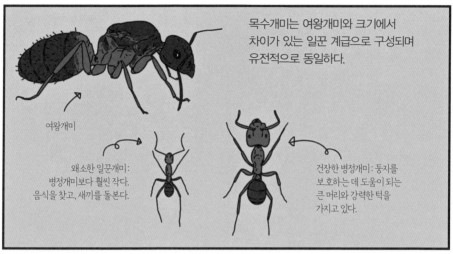

목수개미는 여왕개미와 크기에서 차이가 있는 일꾼 계급으로 구성되며 유전적으로 동일하다.

여왕개미

왜소한 일꾼개미: 병정개미보다 훨씬 작다. 음식을 찾고, 새끼를 돌본다.

건장한 병정개미: 둥지를 보호하는 데 도움이 되는 큰 머리와 강력한 턱을 가지고 있다.

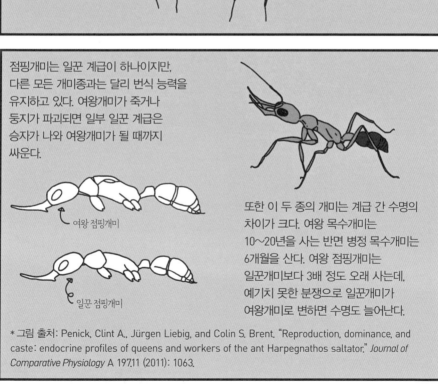

점핑개미는 일꾼 계급이 하나이지만, 다른 모든 개미종과는 달리 번식 능력을 유지하고 있다. 여왕개미가 죽거나 둥지가 파괴되면 일부 일꾼 계급은 승자가 나와 여왕개미가 될 때까지 싸운다.

여왕 점핑개미

일꾼 점핑개미

또한 이 두 종의 개미는 계급 간 수명의 차이가 크다. 여왕 목수개미는 10~20년을 사는 반면 병정 목수개미는 6개월을 산다. 여왕 점핑개미는 일꾼개미보다 3배 정도 오래 사는데, 예기치 못한 분쟁으로 일꾼개미가 여왕개미로 변하면 수명도 늘어난다.

*그림 출처: Penick, Clint A., Jürgen Liebig, and Colin S. Brent. "Reproduction, dominance, and caste: endocrine profiles of queens and workers of the ant Harpegnathos saltator." *Journal of Comparative Physiology* A 197.11 (2011): 1063.

버거 박사의 연구팀은 그간의 연구를 통해 목수개미의 일꾼 계급에서 특성을 결정짓는
후성유전학적 메커니즘을 밝혀냈다.

연구팀은 2015년 발표한 연구에서
트리코스타틴 A(Trichostatin A)라는
단백질을 변화시키는 화학물질을 주입해
병정개미를 일꾼개미처럼 행동하게
만들었다. 트리코스타틴 A를 주입한
병정개미는 일꾼개미처럼 왜소하게 변하지는
않았지만, 보통처럼 둥지에 머물지 않고
일꾼개미처럼 둥지를 벗어나 먹이를
찾으러 다니기 시작했다.

트리코스타틴 A를 주입한
병정개미는 일꾼개미처럼
행동한다.

트리코스타틴 A는 반감기가
짧은데도, 그렇게 변화된
행동은 이후로도 계속
유지되었습니다.

하지만 우리는 이 물질이 정확히
어떻게 작용해서 이런 계급적 행동 차이를
만들어 내는지 알지 못했습니다.

2019년에 발표한 연구에서는 이에 대한 정확한 경로를
밝혀냈다. 트리코스타틴 A가 인간을 포함한 많은 동물에서
발견되는 신경 억제 물질인 코레스트(Corepressor
for element-1-silencing transcription factor, CoREST)라는
단백질을 억제해 개미의 사회적 행동을 재프로그래밍하고
변화시킨 것으로 드러났다.

다시 말해, 억제 물질을
억제한 거죠.

유충호르몬(Juvenile Hormone)은 일꾼개미에서 증가하고, 병정개미에서는 감소한다. 코레스트는 유충호르몬을 억제하는 역할을 하는데, 보통의 일꾼개미에서는 코레스트의 활성이 억제되어 있지만 병정개미에서는 그렇지 않다.

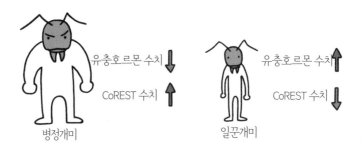

병정개미   유충호르몬 수치 ↓   CoREST 수치 ↑

일꾼개미   유충호르몬 수치 ↑   CoREST 수치 ↓

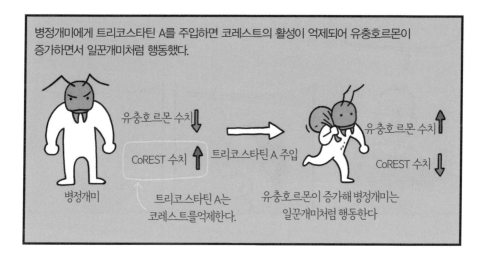

병정개미에게 트리코스타틴 A를 주입하면 코레스트의 활성이 억제되어 유충호르몬이 증가하면서 일꾼개미처럼 행동했다.

병정개미   유충호르몬 수치 ↓   CoREST 수치 ↑

트리코스타틴 A 주입

트리코스타틴 A는 코레스트를 억제한다.

유충호르몬 수치 ↑   CoREST 수치 ↓

유충호르몬이 증가해 병정개미는 일꾼개미처럼 행동한다

연구팀은 세 개의 실험군으로 나누어 실험했고, 성충이 된 후 10일이 지난 개미에게서는 트리코스타틴 A를 주입해도 행동이 변하지 않음을 관찰했다.

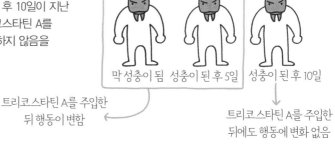

막 성충이 됨   성충이 된 후 5일   성충이 된 후 10일

트리코스타틴 A를 주입한 뒤 행동이 변함

트리코스타틴 A를 주입한 뒤에도 행동에 변화 없음

이러한 결론은 유충호르몬의 농도가 병정개미와 일꾼개미의 행동적 차이를 만들어 내지만 그러한 후성유전학적 가소성은 매우 좁은 시기에만 이뤄진다고 해석할 수 있습니다.

또한 어린 시절과 사춘기 초반까지는 매우 유연하지만 나이가 들수록 경향이 쉽게 변하지 않는 이유에 대해서도 작은 실마리를 던집니다.

인간은 개미에 비해 훨씬 복잡한 생물입니다.

비록 나이가 들면 경향이 점점 고착화되긴 하지만, 그럼에도 인간은 지식과 사고를 통해 외부의 변화에 맞춰 끊임없이 자신을 맞추고 변화시킵니다.

하지만 또한 성별과 나이와 관계없이 끝까지 자신의 행동과 생각만 고집하며 주위의 변화를 받아들이지 않는 이들이 있습니다.

이처럼 후성유전학적 가소성이 완전히 사라진 천상천하 유아독존인 상태를 우리는 '꼰대'라고 정의한다.

라떼는 말이야~!

고고학

고고학의 탄생

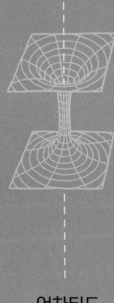

언차티드

보나파르트와 학사원에서 탐험에
함께할 과학자와 예술가를 모집하고
있다는 소식 들었나?

나도 들었네. 그런데 가장 중요한 내용인 언제,
어디로, 얼마나 걸리는지에 대해서는 쏙 빠져 있더군.
혹시, 자네 거기에 지원할 생각인가?

물론이지. 난 오래전부터 모험을
갈망했다네. 봉급도 두둑하게
지급한다고 하고.

게다가 다름 아닌 보나파르트 장군과
함께이지 않은가. 그의 열정과 능력은 우리를
놀라운 곳으로 인도할걸세!

나폴레옹 보나파르트의 지시로
프랑스 학사원은 예술가와 과학자를
비롯해 여러 분야에서 167명의
사람들을 선발했다.

자네도 같이 가지
않겠나?

됐네. 난
파리에서 편안히
커피나 마시겠네~

이들을 포함해 약 4만에 가까운 병력이 비밀스럽게 툴롱항으로 모였고, 300척이 넘는 배에 나눠 타고 1798년 5월 19일에 항구를 떠났다. 그러나 이때까지도 소수의 사람들을 제외하고, 이 배가 어디를 향하는지 알지 못했다.

배는 몰타섬을 간단히 점령한 후 다시 항해에 나섰고, 6월 28일 나폴레옹의 포고문이 각 배에 전달되었다.

이제 우리는 이집트로 가는 막대한 모험을 시작할 것이다. 우리가 곧 만나게 될 사람은 마호메트교도다!

와ㅡ

보나파르트 장군 만세!

나폴레옹은 영국을 견제하기 위해 인도 식민지로 가는 주요 거점인 이집트를 점령하고자 했다. 그는 이집트의 정치적 해방뿐만 아니라 문화적 해방을 구실로 원정에 학자와 예술가들을 대동함으로써 정치적 위상과 명분을 높이려 했다.

장 레옹 제롬의 〈스핑크스 앞의 보나파르트〉(1867~68)를 옮겨 그렸다.

나폴레옹과 그의 학자, 예술가들은 카이로에 이집트 연구소를 세웠고, 《이집트》지를 창간해 고대 이집트에 대한 연구를 발표하는 등 이집트학이라는 새로운 학문을 개척했다.

* 장 레옹 제롬의 《이집트에서 보나파르트와 참모들》의 일부를 옮겨 그렸다.

프랑스군의 눈에 띄는 성과 중 하나는 로제타석을 발견해 거기에 씌어진 그리스 문자를 해독한 것입니다. 이는 훗날 장 프랑수아 샹폴리옹이 이집트 상형문자를 해독할 수 있는 토대를 만들었습니다.

상형문자의 해독으로 이집트 고대 유물은 수집의 대상을 넘어 연구 주제가 되었다.

로제타석에는 동일한 내용이 각각 상형문자(신성문자), 필기체(민중 문자), 그리스 문자로 씌어 있었기 때문에 상형문자 해독에 큰 도움이 되었습니다.

상형문자

필기체

그리스 문자

장프랑수아 샹폴리옹(Jean-François Champollion, 1790〜1832)

비록 나폴레옹의 이집트 원정은 영국의 넬슨 제독으로 인해 실패했지만 이집트학을 탄생시키는 결과를 낳았다.

장군님, 우리도 데려가 주세요!

넬슨! 두고 보자!

여어~ 프랑스 양반들. 보내는 줄 테니 로제타석은 놓고 가시지?

* 현재 대영박물관에서 로제타석을 볼 수 있는 이유다.

유럽인들은 나폴레옹이 보내오는 낯설고 이국적인 이집트의 유물에서 고대 문명의 경이를 보았지만, 또한 '돈으로 환산될 가치'에 눈을 뜬 이들도 많았습니다.

진귀한 이집트 유물을 선취하기 위해 각양각색의 사람들이 앞다투어 이집트로 몰려갔습니다.

대표적인 인물로 이탈리아 출신의 서커스 차력사 조반니 바티스타 벨조니(Giovanni Battista Belzoni, 1778~1823)가 있다.

벨조니는 키가 2미터 가까이 되는 장신에 힘이 무척 셌다고 합니다.

184

벨조니는 이집트로 건너가 수많은 고대 이집트 유물을 발굴(도굴)해 부와 명성을 얻었으며, 특히 나폴레옹 군대가 포기했던 람세스 2세의 거대한 동상을 영국으로 옮겨 오기도 했다.

* 현재 대영박물관에서 람세스 2세 동상을 볼 수 있는 이유다.

아직 발굴은 투박했고, 보존보다는 발굴에만 초점이 맞춰졌으며, 학문적 호기심에 이끌린 사람보다는 큰돈을 벌려는 사람이 많았습니다.

이들은 옛 기록과 구전 등을 단서로 잃어버린 문명이나 해적의 숨겨진 보물들을 쫓아 이집트를 넘어서 세계 각지의 오지로 향했습니다.

그들이 전하는 수수께끼의 고대 유물과 위험천만한 낯선 곳으로의 모험은 그 자체만으로도 사람들을 솔깃하게 하는 훌륭한 이야깃거리가 되었다. 그들은 책과 기사를 통해 자신의 이야기를 팔아 부와 인기를 얻었고, 후세의 창작자들에게 좋은 소재를 안겨 주었다.

185

아마도 이러한 소재를 활용한 작품으로 빼놓을 수 없는 것이 영화 〈인디아나 존스〉와 〈툼레이더〉일 것이다.

고고학 박사라면 무기 두어 개 정도는 다룰 줄 알아야죠.

복수 전공으로 암살 기술도 반드시 수강하세요. 현장 탐사 시 유용합니다.

2000년대에 등장한 새로운 도굴꾼 스타로는 플레이스테이션으로 발매된 게임 〈언차티드〉 시리즈를 꼽을 수 있을 것입니다.

〈언차티드〉 시리즈는 2007년에 1편을 시작으로 프랜시스 드레이크와 엘도라도, 마르코 폴로와 샴발라, 친타마니(모든 것을 이뤄준다는 불교 설화에 등장하는 구슬. 여의주라고도 한다)부터 2016년에 발매한 마지막 4편에서는 해적 헨리 에이버리와 해적들의 낙원 리버탈리아에 이르기까지 보물 사냥꾼 이야기의 단골 소재인 대표적인 전설들을 꼼꼼하게 활용했다.

플레이스테이션 4로
발매된 4편은 앞선
시리즈보다 훨씬
발전한 그래픽을
선보였다.

ⓒ 언차티드 4

ⓒ 언차티드 4

〈툼레이더〉가 라라 크로프트의
원맨쇼라면, 〈언차티드〉는 주인공
네이선과 매력적인 주변 인물들로
작품이 더욱 풍성해졌다.

〈언차티드〉에서도 고대 장치와
함정은 빠지지 않는다.

ⓒ 언차티드 4

이러한 영화와 게임이 사람들을 모험과 환상의
꿈으로 인도했다면, 왕립 포병대 장교이자
제1차 세계대전에서도 활약했던
포셋의 모험담은 많은 이들을 아마존으로
이끌었습니다.

포셋은 게임 속 주인공 못지않은 사람이었다.
그는 군인 출신답게 강철 같은 체력과
정신력을 갖추고 있었고, 마치 열대 질병에
면역이라도 된 사람처럼 크게 시달리지도
않았다. 당시 왕립지리학회는 탐험대원을
육성하기 위해 식물학·지리학·기상학·
인류학에 관한 기본 지식을 가르쳤는데,
포셋은 지리학회가 배출한 이들 중 가장
우수한 성적으로 그 과정을 마쳤다.

퍼시 해리슨 포셋(Percy Harrison Fawcett, 1867~1925)

그는 여섯 차례에 걸쳐 아마존 유역의 지도 제작
탐사를 이끌었고, 빠르고 성공적으로 임무를
완수했다. 이에 대한 공로로 왕립지리학회는
포셋에게 권위 있는 메달을 수여했다.

그러나 포셋의 목적은
따로 있었습니다.

그의 꿈은 아마존 밀림의 어딘가에 있을
잊힌 고대 문명을 발견하는 것이었다.

포셋은 인디언과 스페인
정복자가 남긴 기록을 근거로
아마존 밀림에 잊힌
고대 도시가 있다고 믿었으며,
그곳을 Z라고 불렀다.

그는 두 차례 탐색에 나섰지만 실패했고,
가까스로 돈을 모아 세 번째 탐사에
나섰다. 거기에는 첫째 아들 잭과
잭의 친구 리멜도 함께했다.

1925년 5월 29일에 돌려보낸 원주민
가이드가 전한 소식을 끝으로 그들은
연기처럼 사라지고 말았다.

포셋의 실종은 수십 년 동안 호사가들의 입에 오르내렸다. 많은 이들이 포셋을 찾아, 혹은
도시 Z와 명성을 찾아 밀림으로 들어갔고, 대략 100여 명이 목숨을 잃었다.

영화나 게임에서 그려지는, 보물을 찾는 모험은
모두 고고학과는 거리가 멉니다.

그저 값비싼 유물을 발굴해
큰돈을 벌려고 유적을 훼손하는 일은
이제 범죄에 불과합니다.

사람들이 도굴꾼과 모험가들의 신비로운 모험에
환호하는 순간에도 고고학은 착실히 학문으로서
탄탄한 기틀을 잡고 있었다. 1949년에 미국의 화학자
윌러드 리비(Willard Libby, 1908~1980)는
방사성 탄소 연대 측정법을 선보였다.

탄소-14는 일정한 반감기를 가지니
표본에 남아 있는 그 함량을 측정하면
연대를 알 수 있을 겁니다.

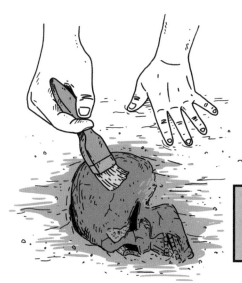

연대측정법의 등장과 발전으로
고고학은 문명 이전의 인류 역사까지
연구할 수 있게 되었다.

고고학은 탐욕과 포화의 사이에서
태어났지만 이제는 과거를 향한 호기심
위에서 자라고 있다.

모래 위를
미끄러지다

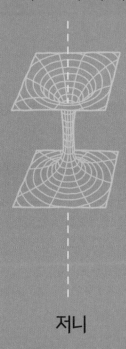

저니

많은 돈과 인력으로 빚어내는 대작 게임은 모두의 기대가 높을 수밖에 없다.

결과가 좋으면 더할 나위 없겠지만, 그렇지 못했을 때는 높아진 기대감이 고스란히 운동에너지로 바뀌게 된다.

반면 적은 자본으로 제작되는 인디 게임은 주목을 받기 힘들지만, 드물게 멋진 작품성으로 파란을 일으키기도 합니다.

2012년에 플레이스테이션 3로 출시된 산티아고의 순례길 같은 〈저니〉는 그 대표적인 게임입니다.

카타르시스가 풍선껌처럼 터지는 액션도, 뒤통수를 얼얼하게 만드는 반전도 없는 이 잔잔한 게임은 수많은 게이머들을 사로잡으며 유수의 게임상을 싹싹 쓸어 담았다.

ⓒ 저니

이 게임은 화려하지는 않지만 좋은 배경음악과 한데 어울리는 환상적인 그래픽을 선보인다.

ⓒ 저니

세계관에 대한 별다른 설명도, 대화도 없는 〈저니〉는 2시간 남짓의 매우 짧은 플레이 타임에도 불구하고 여느 대작 게임 못지않은 큰 감동을 안긴다.

이곳에는 복수도, 용서도 존재하지 않습니다.

그저 태양과 바람과 모래…

그리고 과립계(granular material system)와 미끄럼 마찰에 대한 물리학이 있습니다.

ⓒ 저니

모래 경사면을 빠르게 미끄러져 내려가는 구간은 이 잔잔한 게임에서 그나마 가장 속도감 있는 부분이다.

그러나 실제 모래 경사면에 서면 게임처럼 멋지게 미끄러지지 않습니다.

앞으로 밀린 모래가 턱을 만들기 때문입니다.
이는 무거운 물체를 모래사장에서 끌기 힘든
이유이기도 합니다.

그러나 모래에 무언가를
추가하면 마찰력을 절반 정도로
줄일 수 있습니다.

바로 물입니다.

스며들어간 물이 모래 알갱이 사이를 연결하며
모세관 압력으로 인해 서로 끌어당기는 힘을
발생시키는 모세관 다리(capillary bridges)가
만들어진다.

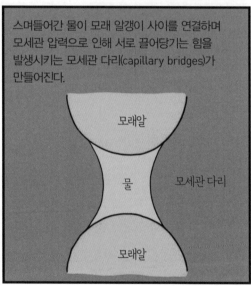

모래알

물

모세관 다리

모래알

모래 알갱이들은 이러한 힘으로 연결되면서 강직성이 증가하고, 그로 인해 모래턱이
생기는 것이 억제됨으로써 마찰력이 낮아지는 것으로 나타났다.

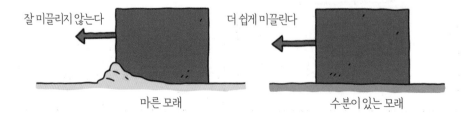

잘 미끌리지 않는다

더 쉽게 미끌린다

마른 모래

수분이 있는 모래

또한 알갱이의 크기가 균일한 것보다는 다양할수록 마찰력이 더 낮았다. 이는 밀도가 높아 더 많은 모세관 다리가 생김으로써 더 단단히 결합되기 때문인 것으로 보인다. 이 같은 결과를 종합하면 일반 모래의 경우 최대 70%까지 끄는 힘을 줄일 수 있다.

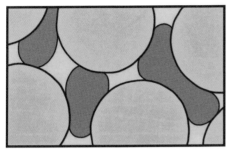

알갱이 크기가 일정한 모래

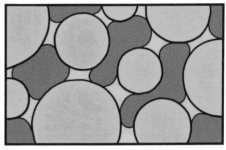

알갱이 크기가 다양한 모래

그러나 물이 너무 많으면 오히려 반대의 결과가 나타납니다. 모세관 다리가 사라져 과립 간의 당기는 힘이 없어지기 때문입니다.

물의 함량이 5%를 초과하면 마찰력이 다시 증가하는 것으로 나타났습니다.

Pendular

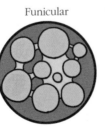

Funicular

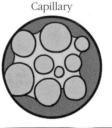

Capillary

Slurry

과학자들은 일찌감치 과립계에서 물의 함량에 따른 상태를 분류해 정의했습니다.

이를 연구했던 연구팀은 2014년 발표한 논문에서 흥미로운 이야기를 했는데요.

그들은 고대 이집트인들이 이러한 원리를 이용해 피라미드 건설에 들어가는 석재를 옮겼다고 주장했습니다.

연구팀은 그러한 주장의 근거로 기원전 1900년경에 제작된 제후티호텝(Djehutihotep) 무덤의 고대 이집트 벽화를 제시했다. 여기에는 거대한 석상이 실려 있는 썰매 앞에 서 있는 사람이 어떤 액체를 뿌리는 모습이 그려져 있다.

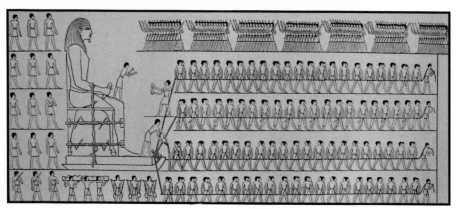

정말로 이집트인들은 벽화에서처럼 모래에 물을 뿌려 마찰력을 줄였던 걸까요?

저 사람은 최초의 윤활 기술자일까요?

벽화를 그린 화가가 당시의 광경을 사실 그대로 묘사한 것인지, 석상을 실은 썰매를 모래 위에서 끈 것인지 알 수 없습니다.

밀워키 위스콘신대학교
기계공학과 교수
마이클 노소노브스키
(Michael Nosonovsky)

특히 액체를 붓는 행동이 연구자들 말대로 정말 윤활을 위한 것인지 아니면, 의례를 위한 것인지도 알 수 없죠.

저 그림은 무덤에 그려진 그림이며, 죽은 이를 물로 정화하는 것은 무덤 내 다른 비문이나 그림에서 반복되는 은유입니다. 따라서 물을 붓는 이들은 윤활 기술자가 아닌 죽은 이의 육체를 정화하는 역할을 맡은 사제일지도 모릅니다.

그리고 어쩌면 그러한 정화 의식이 의도치 않게 마찰저항을 감소시켰을 수도 있습니다.

이러한 자연법칙은 작품을 만드는 데 있어서도 크게 다르지 않습니다.

작가주의, 개성, 책임감, 팬들의 기대 등은 좋은 작품을 만드는 데 필수적이지만, 이것이 작품을 잠식하지 않도록 주의해야 합니다.

피라미드의 비밀

어쌔신 크리드: 오리진

소설이나 영화와는 다른 게임만의 장점은 무엇일까요?

저는 '체험'을 꼽고 싶습니다.

책, 영화, 게임 모두 간접적인 체험을 제공하지만, 게임은 캐릭터를 움직여 가며 스크린 속에 구현된 세계를 탐험하는 더 구체적이고 직접적인 체험을 할 수 있다.

초창기 화면 너머의 세상은 평면의 닫힌 세계였다.

일방적인 진행과 그 배경이 되는 무대만 존재했다.

그러나 기술의 발전으로 게임 속 세계는 현실과 더욱 가까워졌다.
높은 자유도와 자유로운 이동을 특징으로 하는
오픈 월드(Open wolrd) 게임은 화면 너머에
또 다른 세상을 구축했다.

오픈 월드 게임의 최선봉에 있는
게임 제작사 중에 유비소프트(Ubisoft)가
있습니다. 그들의 오픈 월드 게임들은
완성도 높은 세계관의 구현으로
정평이 나 있습니다.

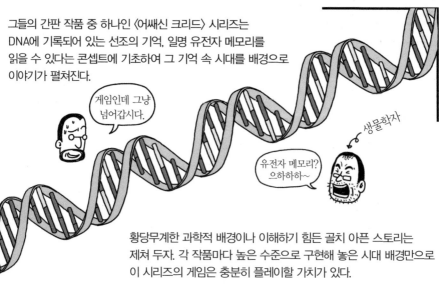

그들의 간판 작품 중 하나인 《어쌔신 크리드》 시리즈는
DNA에 기록되어 있는 선조의 기억, 일명 유전자 메모리를
읽을 수 있다는 콘셉트에 기초하여 그 기억 속 시대를 배경으로
이야기가 펼쳐진다.

게임인데 그냥
넘어갑시다.

생물학자

유전자 메모리?
으하하하~

황당무계한 과학적 배경이나 이해하기 힘든 골치 아픈 스토리는
제쳐 두자. 각 작품마다 높은 수준으로 구현해 놓은 시대 배경만으로
이 시리즈의 게임은 충분히 플레이할 가치가 있다.

2017년에 발매한 〈어쌔신 크리드 : 오리진〉 역시 이러한 장점을 유감없이 발휘하고 있다. 이 게임은 오리진이라는 단어에 걸맞게 시리즈 중에서도 가장 앞선 시대인 기원전 50년 전후반경 이집트의 마지막 프톨레마이오스 왕조 시기 클레오파트라 7세와 프톨레마이오스 13세의 갈등을 배경으로 한다.

이번 시리즈의 주인공인 바예크는 최후의 메자이(medjay)로 등장한다. 메자이는 이집트 신왕국 시대인 18왕조 (기원전 1570∼기원전 1292) 때 활동했던 엘리트 전투경찰 집단으로 파라오의 중요 지역을 보호하는 임무를 담당했다. 그 후 점차 평범한 치안 유지 역할로 의미가 퇴색되어 갔다.

게임에서는 알렉산드리아 대도서관을 비롯하여, 당시의 이집트 구석구석을 여행할 수 있다.

ⓒ 어쌔신 크리드: 오리진

게임 속에서 구현된 알렉산드리아 대도서관을 직접 방문하는 감동을 느낄 수 있다.

대도서관의 내부 풍경. 수많은 파피루스 두루마리가 인상적이다. 당시의 두루마리 책장도 잘 구현되어 있음을 볼 수 있다.

© 어쌔신 크리드: 오리진

기자 지역의 피라미드 앞에서는 입이 저절로 벌어진다.

© 어쌔신 크리드: 오리진

기자 지역에 있는 3개의 피라미드는 게임에도 구현되어 있다. 왼쪽부터 쿠푸왕의 피라미드, 카프레왕의 피라미드, 멘카우라왕의 피라미드다.

흥미롭게도 게임을 발매하고 5일 뒤인 11월 2일,
쿠푸왕의 피라미드에서 새로운 내부 공간이
발견되었다는 소식은 게임 속 세계와
묘한 공명을 일으켰다.

기자 지역의 피라미드 중 가장 큰 쿠푸왕의
대피라미드는 기원전 2547~기원전 2524년경
형제인 헤미우누(Hemiunu)에 의해 건설되었다.
이 피라미드는 거대한 크기 말고도
다른 피라미드와 구분되는 또 다른 특징을
가지고 있다.

대피라미드는 높이 139미터,
너비 230미터에 달하며,
평균 2.5톤의 석회암 블록
230만 개를 사용했다.

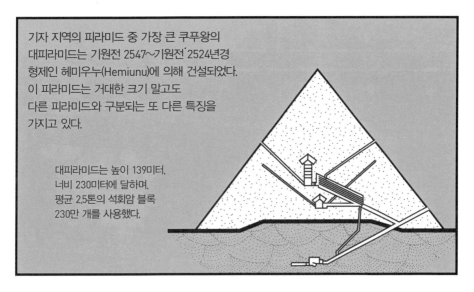

그 시기의 다른 피라미드는 지하의 묘실 위에 지어졌지만, 대피라미드는 내부에 묘실을
비롯한 여러 개의 공간을 만들어 놓았다.

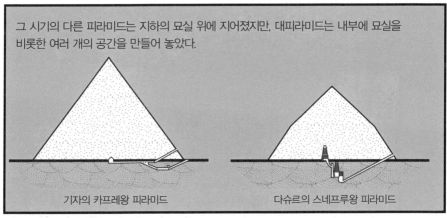

기자의 카프레왕 피라미드

다슈르의 스네프루왕 피라미드

*그림 출처: 스캔 피라미드 홈페이지(http://www.scanpyramids.org)

대피라미드에서는 현재까지
3개의 방이 발견되었지만,

많은 이들은 아직도 발견되지 않은 방이
더 있을 거라는 기대를 품고 있습니다.

이렇게 사그라지지 않는 호기심에 부응해
2015년 10월 파리의 헤리티지 혁신보존기구
(Heritage Innovation Preservation Institute) 회장
메디 타유비(Mehdi Tayoubi)는
스캔 피라미드(Scan Pyramids)라고 불리는
국제 협력 프로젝트를 발족하고, 외부에 손상을
가하지 않는 방법으로 피라미드 조사에 착수했다.

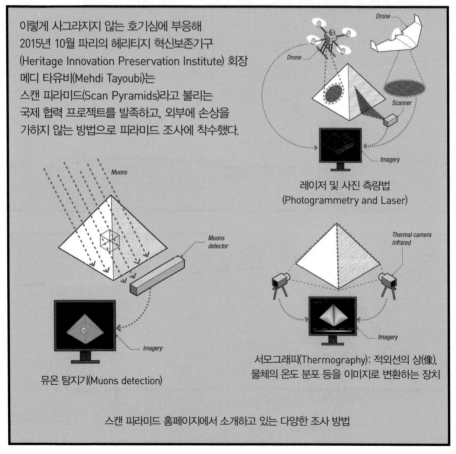

레이저 및 사진 측량법
(Photogrammetry and Laser)

뮤온 탐지기(Muons detection)

서모그래피(Thermography): 적외선의 상(像),
물체의 온도 분포 등을 이미지로 변환하는 장치

스캔 피라미드 홈페이지에서 소개하고 있는 다양한 조사 방법

*그림 출처: 스캔 피라미드 홈페이지(http://www.scanpyramids.org)

일본 나고야대학교의 물리학자 모리시마 구니히로 (森島邦博)가
이끄는 팀은 2015년 12월부터 피라미드 내부에 뮤온 탐지기를 배치하여
수개월 동안 데이터를 수집했다. 2016년 3월, 그들은 기대한 것보다
훨씬 많은 뮤온이 검출된 1차 결과를 받아 들고 충격을 받았다.
이는 내부에 공간이 존재한다는 뜻이었다.

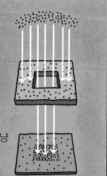

소립자 중 하나인 뮤온은 빈 곳을 지날 때는 상호작용 없이 그냥
통과하는 반면 돌을 통과할 때는 일부가 흡수되거나 굴절된다.
뮤온 탐지기는 이를 이미지화한다.

결과를 확인하기 위해 일본의 고에너지가속기연구기구와
프랑스의 대체에너지및원자력에너지위원회의 물리학자 팀이
추가적으로 피라미드 내외부에 여러 유형의 뮤온 탐지기를
설치해 조사했는데, 같은 결과를 얻었다.

수평의 혹은 기울어진
30미터 길이의 공간

과연 저 공간은
무엇일까요?

사실 피라미드 내부는
사람들이 상상하는 것처럼
잘 정돈되어 꽉 채워져 있지
않다고 합니다.

피라미드 내부는 난잡하고,
크고 작은 공간들이 많다고
연구자들은 말합니다.

그래서 스캔 피라미드
프로젝트 내부에는
이번 발표를 '발견'이라고
할 수 없다는 주장도 있다.

이번에 찾은 공간에 대한 여러 이론 중에는 대회랑을 위에서 누르는 벽돌의 무게를 줄이기 위한 '하중경감실(relieving chamber)'이 아닐까 하는 의견이 있지만,

새로 발견한 공간

대회랑과는 너무 멀리 떨어져 있어서 그런 목적을 달성할 수 없을 것으로 추측합니다.

새로 발견한 공간

사실 연구자들은 이 프로젝트를 통한 일련의 연구들이 새로운 묘실과 보물을 찾기를 기대하지는 않습니다.

그보다는 피라미드가 어떻게 지어졌는지에 대한 단서를 줄 것으로 보고 있습니다.

수천 년 전 이집트인들이 변변한 기계도 없이 어떻게 이런 거대한 건축물을 만들었는지는 여전히 오리무중이다.

기원전 450년경 이집트를 방문한 그리스 역사가 헤로도토스는
피라미드의 석재를 들어 올리는 데 사용한 '기계'에 대해 기록했고,
300년 후 시칠리아의 디오도로스는 경사로를 이용했다고
기록했지만, 정확히 어떻게 지었는지는 기록으로 남아 있지 않다.

피라미드를 짓는 데 사용했다고 여겨지는 기계는
당시 이집트인들이 물을 긷는 데 사용했던
샤두프(shadoof)를 응용한 형태였을 것으로 추측된다.

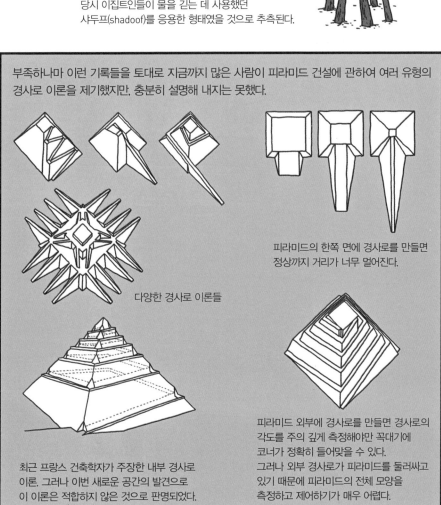

부족하나마 이런 기록들을 토대로 지금까지 많은 사람이 피라미드 건설에 관하여 여러 유형의
경사로 이론을 제기했지만, 충분히 설명해 내지는 못했다.

다양한 경사로 이론들

피라미드의 한쪽 면에 경사로를 만들면
정상까지 거리가 너무 멀어진다.

최근 프랑스 건축학자가 주장한 내부 경사로
이론. 그러나 이번 새로운 공간의 발견으로
이 이론은 적합하지 않은 것으로 판명되었다.

피라미드 외부에 경사로를 만들면 경사로의
각도를 주의 깊게 측정해야만 꼭대기에
코너가 정확히 들어맞을 수 있다.
그러나 외부 경사로가 피라미드를 둘러싸고
있기 때문에 피라미드의 전체 모양을
측정하고 제어하기가 매우 어렵다.

새로운 공간이 무엇인지는 조사를 더 해야겠지만,
현재로서는 그 공간을 탐색하기 위해 구멍을 뚫는 등의
물리적인 방법을 동원할 계획은 없다. 유물 보존이
더 중요한 가치이기 때문이다.

이번 프로젝트는 현대
입자물리학이 어떻게
고고학 연구에 도움을 줄
수 있는지를 보여준다.

작은 입자는 인류의 거대한 미스터리를 풀어 줄 것이다.

거기에 있던 미이라에서
DNA는 회수했나?

예.

정신의학

온라인 게임을 활용한
성불평등 연구

헤일로 3

플레이스테이션 2가 차지하고 있는 가정용 게임기 시장을 탈환하라!

뒤늦게 엑스박스 출시를 선언하며 마이크로소프트는 가정용 게임기 시장에서 군림하고 있는 소니에 도전장을 던졌다.

소니가 편히 돈 벌게 놔둘 순 없지!

플레이스테이션 2보다 약 2년 늦게 등장한 엑스박스는 그만큼 더 뛰어난 하드웨어 성능을 갖추고 있었지만,

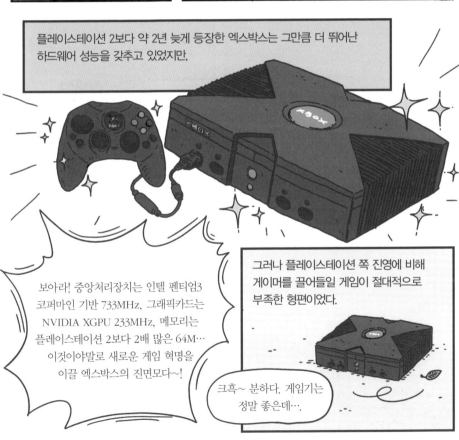

보아라! 중앙처리장치는 인텔 펜티엄3 코퍼마인 기반 733MHz, 그래픽카드는 NVIDIA XGPU 233MHz, 메모리는 플레이스테이션 2보다 2배 많은 64M… 이것이야말로 새로운 게임 혁명을 이끌 엑스박스의 진면모다~!

그러나 플레이스테이션 쪽 진영에 비해 게이머를 끌어들일 게임이 절대적으로 부족한 형편이었다.

크흑~ 분하다. 게임기는 정말 좋은데….

마이크로소프트! 내가 구하러 왔소!!

이런 상황에서 등장한 〈헤일로〉는 뛰어난 게임성과 재미로 엑스박스의 구세주가 되었다. 〈헤일로 2〉는 엑스박스에서 가장 많이 팔린 게임으로 기록되었고, 〈헤일로 3〉는 무려 1000만 장 이상 판매되었다.

그러나 플레이스테이션 2와의 경쟁에서 이기기 위해 엑스박스의 가격을 계속 낮췄기 때문에 마이크로소프트는 〈헤일로〉의 높은 판매량에도 불구하고 내내 적자를 면치 못했다.

비록 마이크로소프트를 구하진 못했지만 〈헤일로〉는 수많은 기록을 갈아치우며 게임의 역사를 다시 써내려 갔다.

크흑~ 구하지 못해 미안하다!

그 활약은 게임계를 넘어 몇 백만 광년 떨어져 있는 성불평등 연구에까지 이르렀는데…

소니보다 먼저 성불평등 연구를 선점하…

뭐?! 성불평등 연구? 내가?

2015년 7월 15일 한 과학 저널에 게재된 연구에서는 남성의 지위와 능력이 여성에 대한 적대성과 우호성의 정도와 관련이 있다고 주장했는데요.

이 연구가 특히 많은 주목을 받았던 것은 〈헤일로 3〉라는 일인칭 슈팅 게임(FPS)을 이용한 성불평등 연구라는 점 때문이었습니다.

국내의 여러 언론에서도 이 연구를 소개했지만, 유감스럽게도 조회수를 높이려는 저급하고 자극적인 제목 일색이었다.

아몰랑 '김치녀'… 여성혐오 男, 실생활에서 '루저

여성 혐오' 남성, 실생활에 찌질이?

온라인 여성혐오 남성… 실생활에서도 패배자

제목이 저런데 내용이야 오죽할까. 생각 없이 서로 베껴 적고, 사실 여부도 확인하지 않아 기사 내용은 엉망이고 오해의 소지만 한층 키워 놓았다.

국내 기사만 봐선 게임 능력이랑 성차별이 대체 무슨 관계가 있는지 알 수 없군요.

왜 연구자들은 하필 FPS 게임을 이용해 성불평등 연구를 한 것일까요? 게임 못하는 사람이 성차별주의자라는 결론의 의미는 무엇일까요?

국내 언론은 제대로 다룰 마음이 없으니 직접 뒤져 보는 수밖에요.

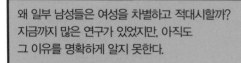

왜 일부 남성들은 여성을 차별하고 적대시할까?
지금까지 많은 연구가 있었지만, 아직도
그 이유를 명확하게 알지 못한다.

여자가 집에서
밥이나 하지.
남자들 하는 일에
나서고 말이야.

사회학적인 측면에서는 성차별을
남성의 영역에 들어온 여성에 대한
반감 때문이라고 설명하지만,
왜 모두가 아닌 일부 남성들만
그런 행동을 하는지는 설명하지
못한다.

진화론은 여성에게 사회적 지위를
위협받는다고 느끼는 남성들의 공격적인
반응으로 성차별을 해석하고 있습니다.

파!

어딜 감히ㅡ!

남성에게 사회적 지위는
자원 획득, 배우자를 만날 가능성과
관련되어 있기 때문입니다.

어흠ㅡ

따라서 남성의 지위와 능력에 따라
성차별의 정도에도 차이가 있을 거라고
예측할 수 있으며, 우리는 이것을 실험으로
검증하고자 했습니다.

공동 저자 마이클 M. 카수모빅

그러나 현실에서 인간 행동 연구는
쉽지 않습니다.

특히 이런 성차별 연구와 같은 경우 사람들은 체면이나 도덕성 때문에
자연스러운 행동을 기대하기 어렵습니다.

여자가 나랑 똑같은 임금을
받겠다니. 하는 게 뭐 있다고.

여성의 권리를 위해
평소에도 노력하고 있습니다.

온라인 게임은 이런 어려움을
해결해 주었습니다.

게임 내에서는 익명으로 활동하기
때문에 다른 이를 의식하지
않습니다. 게임은 경쟁이
매우 심하며, 그 결과를
즉각적으로 확인할 수 있고요.
또한 힘, 체격과 같은 남녀 간의
물리적 차이를 변수에서
제외할 수 있습니다.

한마디로 온라인 게임은 인간 행동을
연구하는 데 믿을 수 없을 만큼
좋은 도구입니다.

그럼 여러 게임 장르
중에서 왜 하필 FPS를
택한 겁니까?
너무 의외인데요.

FPS 게이머의 절대 다수는 남성입니다. 성차별이 단지 남성의 영역에 들어온 여성에 대한 반감 때문이라면, 게임상의 모든 남성이 여성을 적대적으로 대하는지 확인할 수 있습니다.

게다가 〈헤일로 3〉에서는 남녀 구분 없이 모든 캐릭터가 갑옷을 입고 있기 때문에 성에 따른 편견이 끼어들 요소가 거의 없다는 장점이 있었습니다.

내가 남자게, 여자게?

레벨 수치를 통해 플레이어의 능력을 바로 확인할 수 있다는 점도 좋았고요.

탱탱-

연구진은 3개의 계정을 만들어 각각 성별에 따른 목소리를 미리 녹음해 플레이하는 동안 재생했다. 대사는 상대방의 기분을 상하게 하지 않는 문장을 골랐다.

대사는 이런 내용입니다.
'나는 이 맵을 좋아해요.'
'나이스 샷!'
'이쪽으로 몇 명
지나간 것 같아요.'

아무 말 없는   남자 목소리   여자 목소리

연구 결과, 레벨이 낮은 게이머는 여성(목소리)이 더 나은 플레이를 할수록 더 적대적이지만 레벨이 높은 게이머는 여성의 플레이에 너그러운 것으로 나타났다.

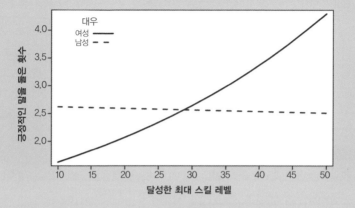

여성의 레벨이 높아질수록 높은 레벨의 남성 플레이어에게 긍정적인
반응의 말을 더 자주 듣는 것을 볼 수 있다. 남성은 잘해도 별 반응이 없다.

재미있는 점은 여성 게이머와 자신의 레벨 차이가 클수록(자신이 더 높을수록)
여성의 플레이에 더 호의적이었다는 것이다.

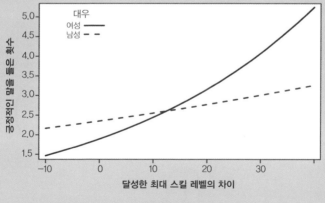

여성과의 레벨 차이가 클수록 남성 플레이어는 여성의 플레이에 긍정적인
반응의 말을 더 자주 한다는 것을 볼 수 있다. 남성에게는 역시 별 차이가 없다.

＊그래프 출처: Kasumovic, Michael M., and Jeffrey H. Kuznekoff, "Insights into sexism: Male status and performance moderates Female-Directed hostile and amicable behaviour," *PloS one* 10.7 (2015): e0131613.

우리는 지위가 낮은 남성은 여성에게
사회적 자원을 뺏길까 봐 위협을 느끼지만,
지위가 높은 남성은 오히려 상대 여성에게
호감을 얻어 짝짓기의 기회를 높이려는 것으로
해석했습니다.

이를 근거로 우리는 뛰어난
능력의 여성은 자신감이 부족한
남성에게 공격을 받을 가능성이 크다고
주장한 것입니다.

다다다다

뭐요? 그깟 게임으로
남성을 판단하다니!

물론 온라인 게임에서의 연구 결과를
실생활에 그대로 적용할 수는 없습니다.

이 연구는 성차별에 대한 작은 단서가 되었다는 것에 더해
온라인 게임이 인간 행동 연구에 좋은 도구가 될 수 있음을
보여주었다는 데 더 큰 의의가 있습니다.

정신이란 이름의 악기

헬블레이드: 세누아의 희생

환각, 망상

편집증

언어 및 감정 장애

조현병은 이러한 정신질환과 함께
사회적 기능 장애를 일으키는
정신적 질환을 일컫는다.
보통 10대에서 20대에 발현하기 때문에
처음에는 조발성 치매(dementia praecox),
즉 일찍 찾아온 치매로 불렸다.

그러나 치매는 인지 장애가
주요 증상인 데 반해,

조현병은 환각과 망상이
주요 증상이다.

이 질환은 치매, 조발성과는 관련이 없습니다.

1908년 4월 24일 베를린에서 열린 독일 정신의학협회 학술회

이것은 정신 기능의 분열을 특징으로 합니다.

따라서 지금까지 조발성 치매로 불렸던 이 질환을 치매와 구분하여 조현병이라고 명명하기를 제안합니다.

스위스의 정신의학자 파울 오이겐 블로일러(Paul Eugen Bleuler, 1857~1939)

이를 기점으로 조현병은 치매와 구분되어 개별 질환으로서 연구와 치료가 시작되었다.

그러나 20세기 중반까지 정신과 의사가 조현병 환자에게 할 수 있는 거라곤 강한 신경안정제를 주사하고, 정신병원에 가두는 것이 전부였다. 종종 외과적 조치가 시행되었지만, 잘못된 이론에 근거한 엉터리 치료에 지나지 않았다.

조현병의 영문명 schizophrenia는 나눔과 정신을 뜻하는
두 그리스 단어를 조합해 만든 것이다.

Schizophrenia
schizein + phren
'나눔'   '정신'

이런 단어의 뜻으로
한때 우리나라에서는

'정신분열증'으로
불리었습니다.

개념도 틀렸고, 병에 대해 잘못된
인식을 심어 주기 때문에

2011년 3월 대한의사협회는
'조현병'으로 병명을 바꾸었습니다.

'조현'이란 현악기의 줄을 고른다는 뜻으로,
조현병의 뜻을 굳이 해석한다면
정신이 조율되지 않은 병 정도가 될 것이다.

227

지금도 조현병을 완치하는 치료법은 오리무중이지만, 뇌에 대한 이해도가 높아지고
정신병 연구 성과들이 쌓이면서 치료에 도움이 되는 여러 항정신성 약물이 개발되고 있다.
또한 약의 부작용을 줄이려는 노력도 계속되고 있다. 대화요법, 가상현실 치료,
특별한 형태의 두뇌 훈련 등 여러 대안 치료를 시도하고 있으며, 유효하다는 연구 결과가
보고되고 있다.

한 연구에서는 환청을 컴퓨터 아바타로
구현해 대화요법의 효과를 높이려 했다.
치료사는 아바타의 목소리 역할을 하여
환자가 환청에 맞설 수 있도록 했다.

* 출처: Leff, Julian, et al. "Computer-assisted therapy for medication-resistant auditory
hallucinations: proof-of-concept study." *The British Journal of Psychiatry* 202.6 (2013): 428–433.

치료법의 발전으로 현재 조현병은 대부분
통제 가능하며, 사회생활을 하는 데 지장이
없다. 그럼에도 주위의 편견과 오해는 환자를
고통스럽게 한다.

편견의 주된 이유는 정신질환을
겪는다는 것이 어떠한 것인지를
일반인은 알 수 없다는 데 있습니다.

이해할 수 없으니,
환자의 아픔을
공감하기 힘듭니다.

이처럼 일반인과 정신질환자 사이에는
이해의 단절이라는 커다란 강이 놓여 있다.
2017년에 발매한 한 게임은 그 단절을 이어 주는
징검다리가 되기 위해 기꺼이 나섰다.

〈헬블레이드: 세누아의 희생〉은 주인공 세누아가
바이킹에게 끔찍한 죽임을 당한 연인을
부활시키기 위해 여신 헤라가 지배하는 '헬'을
향한 여정을 그렸다. 유별날 것 없는
스토리이지만 이 게임이 눈길을 끄는 것은
주인공이 앓고 있는 조현병의 구현과
이를 다루는 자세에 있다.

제작진은 세누아의 아이디어를
켈트족에서 숭배한 봄의 여신에서
얻었다고 밝혔다. 훗날 미네르바 여신의
쌍둥이로 로마 신화에 편입된 것으로
추측된다. 2002년 영국 하트퍼드셔
애시웰 지역에서 발굴한 로마제국시대
영국(Romano-British)의 유물 중
하나였다.

기획 단계부터 조현병을 앓고 있는 주인공을
설정한 개발진은 그 성향을 좀 더 구체적으로
구현하기 위해 정신과 의사의 자문을 받았다.
그 과정에서 정신병에 대해 그릇된 오해를
갖고 있었다는 것을 깨달은 제작진은
게임의 방향을 수정했다. 그들은 여러 환자와
연구 단체의 도움을 받아 세누아가 겪는
조현병적 증상들을 좀 더 구체적이고
올바르게 표현하기 위해 노력했다.

환청을 실제에 가깝게 구현하기 위해 입체음향으로 녹음했으며, 등장하는 악마는
일관성을 유지하여 종류와 형태를 제한했다. 문자 퍼즐은 환자들의 편집증을 나타낸다.
그 외에도 색 번짐, 사물이 겹쳐 보이는 현상 등 게임의 모든 요소는 조현병의 증상과
관련한 것으로, 환자의 경험을 바탕으로 세심하면서도 충실히 반영하고 묘사했다.
이런 제작진의 수고는 훌륭한 그래픽과 사운드, 연출력과 어우러져 매우 독창적인
결과물을 만들어 냈다.

환각에 시달리던 세누아는 부족에서 배제되고,
아버지에 의해 감금당해 격리된 삶을 산다. 외로움,
어린 시절 어머니의 죽음, 그리고 마침내 연인의
끔찍한 죽음으로부터 강한 스트레스를 받은 세누아는
심각한 조현병에 빠져든다.

모든 병이 그렇지만,
정신질환에서도 스트레스는
병을 촉발하고 악화시키는
매우 중요한 요인이다.

환자가 주변의 도움과 보살핌을 받으며 위안을 느낄수록 치료 효과가 커지고 재발 우려는 줄어든다. 이를 위해서는 환자에 대한 이해와 배려가 필수다.

〈헬블레이드〉는 플레이어에게 정신적 장애 증상을 경험시킴으로써 오해를 불식하고 올바르게 이해할 기회를 제공한다. 비록 게임의 재미에 대한 평은 극단적으로 엇갈리지만, 그들의 시도는 게임의 영역과 가능성을 확장했다고 볼 수 있다.

참고로, 전 너무나 재미있었습니다.

누군가는 정신이 나약해서 너무 쉽게 상처받기 때문에 정신질환에 걸렸다며, 치료와 위로를 받아야 할 환자를 탓한다.

심각한 조현병에 시달리면서도 세누아는 여정 내내 정신적 어둠을 극복하기 위해 끊임없이 노력한다.

정신적으로 상처받기 쉽다는 것은 결코 나약함과 동일어가 아니다.

231

공포의 기능

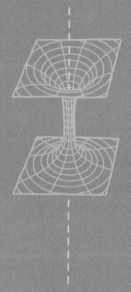

레지던트 이블 7

무… 무섭다.

죽진 않겠지만 죽을 만큼 무섭다!

캡콤사의 대표적인 호러 게임 시리즈 〈바이오하자드〉.

1996년에 1편의 대성공과 함께 지금까지 이어져 왔지만, 시리즈가 거듭될수록 영광의 시절은 점점 흐릿해지고 있었다. 2017년 발표한 〈바이오하자드(레지던트 이블) 7〉은 그런 까닭에 절치부심의 마음에서 탄생했다.

처음의 공포 게임에서 이제는 좀비 살육 액션 게임으로 변했다는 올드팬들의 불만을 의식했는지,

신작입니다. 어디 맛 좀 보시죠~

초심으로 돌아가라!

CAPCOM

제작진은 이번 작품을 정말 작정하고서 기절초풍할 공포 게임으로 만들었다.

훗~

공포

CAPCOM

하지만 이를 위해 시리즈 내내 쌓아 온 많은 것들을 뒤집어엎어야 했다.

그간의 지구적 규모의 음모는 사라지고 좁디좁은, 그러나 우리 집보다는 훨씬 넓은
시골 농가를 배경으로 음산한 이야기가 펼쳐진다. 기량이 람보 뺨쳤던 기존의 주인공들은
어디로 가고 어깨 좁은 샌님과 같은 새로운 주인공을 내세우고, 공포감을 더욱 극대화하기 위해
3인칭 시점을 버리고 1인칭 시점을 도입했다.

이런 환골탈태의 노력 끝에 훌륭한
공포 게임이 되었지만, 너무 많은 변화는
기존 시리즈와의 단절을 초래했다.

캡콤은 게임의 안정적 판매를 위해
새로운 타이틀이 아닌 바이오하자드
간판을 붙인 게 아니냐는 비판을 받았다.

어쨌든 이러쿵저러쿵
말이 나오는 것도 결국
이번 작품의 완성도가
높다는 이야기일 것이다.

이 게임은 정말로
무.섭.습.니.다.

공포 게임을 못하는 나로서는 드라큘라를
사냥하는 헌터의 마음으로 해가 중천에
떠 있는 낮에만 창문을 열고 햇볕 속에서
조금씩 플레이했다.

실제가 아닌 화면 속 가상의 상황을
실제와 같은 공포로 느끼는 이런 인간의
모습은 우습기 그지없습니다.

이는 너무나 급속한 발전을 거듭하는
인간 문명의 속도를 뇌가 따라가지 못해
벌어지는 한편의 촌극이라 할 수 있다.

그러나 촌스러운 뇌 탓만 할 수는 없습니다. 영화나 게임은 뇌의 착각을 극대화하기 위해 초정상 자극(supernormal stimulus)이라는 꼼수를 쓰기 때문입니다.

이는 특정한 행동을 유도하기 위해 감정 표현, 대화, 행동, 음악, 소리, 색 등을 이용해 과장된 자극을 주는 것이다. 한마디로 겁을 주려고 작정하고 덤벼드는데, 어떻게 무섭지 아니할 수 있겠는가.

일반적인 게임에서도 공포는 중요한 요소입니다.

긴장감은 공포의 한 측면이며, 난이도는 긴장감과 연결되기 때문입니다.

적절한 난이도와 긴장감은 게이머가 함부로 행동하지 않게 하고, 부정적인 결과를 반복하지 않도록 몰두하게 한다.

반면 너무 쉬운 게임은 게이머의 집중력을 떨어뜨린다.

캐릭터가 죽어도 아무런 불이익이 없거나, 등장하는 적이 너무 약하면 게임에 집중할 필요가 없기 때문이다.

가상과 현실을 착각하는 촌스러운 뇌 덕분에 게임은 인간 행동을 연구하는 데 아주 좋은 도구가 되었다.

그렇다면 현실에서 공포를 느끼지 않는 사람은 쉬운 게임을 하는 게이머와 비슷한 행동을 보일까요?

현재 우리는 편도체가 공포에 관여한다는 사실을 알고 있다. 양측 편도체가 손상되면 얼굴을 인식하고 표정을 읽는 것에는 이상이 없지만, 공포를 인지하고 기억하는 기능에는 모두 이상이 있는 것으로 나타났다. 이러한 연구가 인간에게서도 가능했던 이유는 우르바흐비테병(Urbach-Wiethe disease)이라는 아주 희귀한 유전성 질환이 편도체를 손상하기 때문이었다.

대뇌피질(Cortex)

시상(Thalamus)

편도체(Amygdala)

해마(Hippocampus)

랠프 아돌프스(Ralph Adolphs) 박사는 1990년대 중반부터 양측 편도 손상을 입은 우르바흐비테병 환자인 S.M.을 대상으로 편도체 연구를 계속해 왔다.

238

S.M.은 공포영화나 귀신의 집은 물론이고
큰 거미나 뱀을 다룰 때도 공포를 느끼지 않았다.
심지어 상대가 칼을 휘두르는 상황에서도
공포를 느끼지 못했다. 이처럼 공포를 읽어 낼 수
없어 위험한 상황을 미리 감지하거나 회피할 수
없었기 때문에 살면서 여러 위험한 상황에
놓였다고 한다.

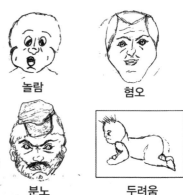

놀람　　　　혐오

분노　　　　두려움

두려운 표정의 얼굴을 그리지 못한
편도체 손상 환자의 그림

* 출처: Adolphs, Ralph, et al. "Fear and the human amygdala." *Journal of neuroscience* 15,9 (1995): 5879–5891.

또 사람은 이득보다 손실의 위험을
더 크게 느끼고, 이를 회피하려는
본능이 있다.

이를 손실 회피(loss aversion)라고 하는데,
사람들은 보통 게임에서 이득이 손실의 1.5배에서
2배 이상이 되어야만 행동한다.

맞추면 15달러를 줄게.
틀리면 10달러를 내게 줘.

10달러나?
안 할래.

2010년 랠프 아돌프스 팀은 편도체 손상이 공포감에 무감각하게 만들어 손실 혐오의 경향도
약하게 할 거라는 가설을 세우고, 손실률을 달리하며 컴퓨터 화면 속 동전 던지기의 결과를
예상하는 실험을 했다.

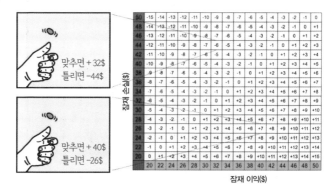

맞추면 + 32$
틀리면 −44$

맞추면 + 40$
틀리면 −26$

잠재 이익($)

239

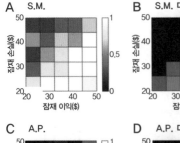

A S.M.

잠재 손실($): 20, 30, 40, 50
잠재 이익($): 20, 30, 40, 50

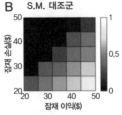

B S.M. 대조군

잠재 손실($): 20, 30, 40, 50
잠재 이익($): 20, 30, 40, 50

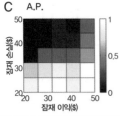

C A.P.

잠재 손실($): 20, 30, 40, 50
잠재 이익($): 20, 30, 40, 50

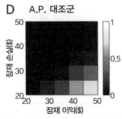

D A.P. 대조군

잠재 손실($): 20, 30, 40, 50
잠재 이익($): 20, 30, 40, 50

그 결과 편도체 손상 환자 2명 (S.M.과 A.P.)은 대조군(각 6명씩 총 12명)에 비해 손실 회피 경향이 낮은 것으로 나타났다. 즉, 편도체는 금전적 손해같이 해로운 결과를 초래하는 행동을 억제하는 데도 중요한 역할을 한다고 예상할 수 있다.

흰색은 게임의 승낙을, 검은색은 게임의 거부를 나타낸다. 통제군의 손실 혐오가 훨씬 높은 것을 볼 수 있다.

---

* 그래프 출처: De Martino, Benedetto, Colin F. Camerer, and Ralph Adolphs. "Amygdala damage eliminates monetary loss aversion." *Proceedings of the National Academy of Sciences* 107.8 (2010): 3788–3792.

편도체 손상 환자들의 이러한 경향들은 일면 너무 쉬운, 그래서 긴장감 없이 게임을 하는 게이머와 비슷하다고 볼 수 있을 것입니다.

진짜로 게임을 가지고 실험을 해도 재밌는 결과가 나올 것 같은데….

통증은 생존에 중요하다. 공포는 마음의 통증이다.

통증-공포는 위험을 피하고, 실수를 되풀이하지 않도록 기억하고, 집중하고, 예측하게 한다.

그래서 공포는 비단 생물에게만 필요한 것은 아니다.

두려움이 없다면 실수는 고쳐지지 않고 항상 반복된다.

흥미는
잠자는 고래도 깨운다

포켓몬고

배고팠던 수렵채집 시절.

지방세포는 우리 몸의 최고 살림꾼이었다.

게 섯거라!

운 좋게 배불리 먹는 날이면,

지방세포는 남아도는 에너지를 차곡차곡 트라이글리세라이드로 변환해 잘 비축해 놓았다가 에너지 수급이 원활하지 않을 때 꺼내 썼다.

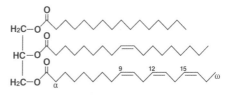

트라이글리세라이드(triglyceride) 분자식

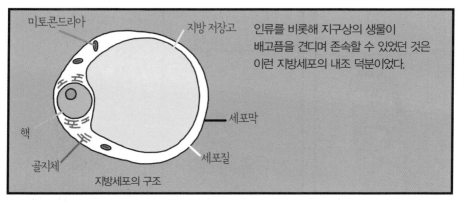

인류를 비롯해 지구상의 생물이 배고픔을 견디며 존속할 수 있었던 것은 이런 지방세포의 내조 덕분이었다.

미토콘드리아

지방 저장고

핵

골지체

세포막

세포질

지방세포의 구조

243

춥고 배고픈 시절을 지나,

진화의 역사에서 천지개벽과 같은 변화가 도래했다.

고열량의 음식들이 넘쳐나면서 인류는 에너지 과잉의 시대를 맞이하게 된 것이다.

그러나 지방은 여전히 찢어지게 가난했던 시절만 생각하며 에너지가 들어오는 족족 저장했다.

2013년 세계보건기구는 비만을 흡연에 이어 예방 가능한 사망의 두 번째 주요 원인으로 꼽았다.

에너지 역학적 측면에서 보자면 지방 문제를 해결하는 방법은 단순합니다.

적게 먹거나, 먹은 만큼 움직이는 것이죠.

문제는 문명이 발전하면서 점점 더 편안한 삶을 추구하는 방향으로 굴러간다는 점이었다.

244

현대 문명은 앉아서 편히 여가를 즐길 수 있는 TV와 비디오게임이라는 최고의 이기(利器)를 낳았다.

카우치포테이토(couch-potato) 이론은 텔레비전, 비디오게임기와 같은 전자 기기 사용이 아동 및 청소년들이 앉아서 생활하는 시간을 증가시켜 비만을 촉진한다고 주장한다.

역시 조깅은 위험해...

2003년 《청소년 저널(Journal of Adolescence)》에 실렸던 논문은 이러한 주장을 뒷받침한다. 1968년부터 1997년까지 미국의 1세부터 12세까지의 아이들 2831명을 표본 조사한 이 논문에 따르면 TV, 컴퓨터, 비디오게임, 독서 등으로 앉아서 시간을 많이 보낼수록 연령 및 성별과 관계없이 모든 어린이의 체중이 더 크게 증가했다.

논문의 공동 저자 엘리자베스 A. 밴드워터(Elizabeth A. Vandewater)는 오스틴에 있는 텍사스대학교에서 행동과학을 연구하고 있다.

게임이 사람들을 소파에 앉게 하는 힘이 있다면,

반대로 일어나게 하는 힘도 있을 것이다.

으악! 죽겠다!

245

기술의 발달은 동작 인식이나 자이로센서 등을 이용해 몸을 움직이고, 땀 흘리게 만드는 게임의 등장을 이끌었다. 그러나 오락실이라는 공간적 제약과 콘솔 게임기를 구매하는 데 드는 비용으로 인해 그 한계가 명확했다.

 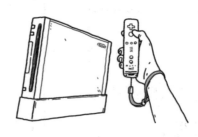

한때 국내 오락실에서 폭발적인 인기를 끌었던 일명 DDR과 가정용 콘솔 게임기 닌텐도 wii

한편, 휴대폰은 전화기를 넘어 손 안의 컴퓨터로 거듭났다. 또한 여러 가지 앱은 휴대폰의 활용 가능성을 무궁무진하게 확장했다. 일부 사람들은 휴대폰의 운동 앱이 개인의 신체 활동을 이끌어 낼 수 있음을 내다보았다.

2016년 7월 출시된 모바일 게임인 〈포켓몬고〉는 이를 증명했다. 전 세계적으로 5억 회 이상 다운로드되며 선풍적인 인기를 끈 이 게임은 증강현실이라는 새로운 기술뿐 아니라 사용자의 활동성을 촉진한다는 면에서도 새로운 가능성을 열었다.

〈포켓몬고〉가 출시된 후 세계 곳곳에서는 사람들이 포켓몬을 잡기 위해 거리를 몰려다니는 진풍경이 벌어졌다. 〈포켓몬고〉 개발사인 나이언틱사의 발표에 따르면, 2016년 12월 전 세계 〈포켓몬고〉 플레이어의 걸음 수의 합이 태양-명왕성까지의 거리를 넘어섰다.

과연 〈포켓몬고〉는 얼마나 사람들을 움직이게 했을까요?

하버드대학교의 캐서린 하우 (Katherine Howe)는 미국, 스웨덴의 동료 연구자들과 함께 아이폰 6를 가지고 있는 18~35세의 남녀를 대상으로 참가자를 모집했습니다.

연구진은 〈포켓몬고〉를 내려받기 4주 전부터 내려받은 후 6주 동안 아이폰에 내장된 기능을 이용해 걸음 수를 체크했다. 이후 레벨 5 이상에 도달한 560명의 플레이어와 게임을 내려받지 않은 622명의 비플레이어의 평균 걸음 수를 비교했다.

게임을 내려받기 전의 플레이어와 비플레이어의 하루 평균 걸음 수는 4126~4526으로 비슷했다. 그러나 플레이어가 앱을 내려받은 후에 두 그룹의 차이는 확연해졌다. 비플레이어는 전체 기간 동안 하루 평균 걸음 수가 비슷했지만, 플레이어는 첫 주에 평균 955걸음이 증가했다. 그러나 효과는 오래가지 못했다. 6주 내에 플레이어들의 걸음 수는 게임을 내려받기 전으로 돌아왔다.

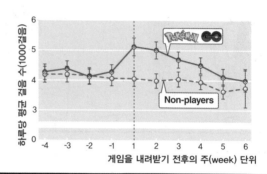

플레이어는 게임을 내려받은 후 걸음 수가 급격히 증가하고 점차 원래 수준으로 돌아갔지만, 비플레이어는 게임을 내려받기 전과 후에도 비슷한 걸음 수를 유지했다.

* 그래프 출처: Howe, Katherine B., et al. "Gotta catch'em all! Pokémon GO and physical activity among young adults: Difference in differences study." *bmj* 355(2016): i6270.

여성 참가자가 더 많았으며 게임에 대한 경향이나 성격 및 소득 등의 표본 선정에 한계가 있었고

아이폰을 휴대하고 있어야만 걸음 수가 기록되는 등의 문제가 있긴 했지만,

이 연구는 단기적으로도 게임이 인간 행동을 바꾸는 데 효과적임을 보여준 결과입니다.

이런 게임은 사람들이 바깥으로 나가 사교 활동을 하는 계기를 마련해 줍니다.

캐서린 하우

신체 활동을 늘릴 뿐 아니라 정신 건강과 기분 전환에 좋고, 모든 연령대 사람들의 상호작용을 높이는 데 증강현실 게임은 커다란 잠재력이 있습니다.

다른 연구에서는
〈포켓몬고〉와 모바일
운동 앱의 차별성도
드러났다.

건강 및 피트니스 앱은
비교적 활동량이 있는
사람들이 이용하는 반면,

〈포켓몬고〉는 비교적
활동량이 적은 사람들을
참여시키는 효과가 있었다.

* 출처: Althoff, Tim, Ryen W. White, and Eric Horvitz. "Influence of Pokémon Go on physical activity:
Study and implications." *Journal of Medical Internet Research* 18.12(2016).

즉, 평소 운동량이 적은 사람들의 생활을
개선하는 데 게임이 더 효율적인 것으로
보인다.

게임은 사람들을 흥미로 이끈다.
칭찬은 고래를 춤추게 하고,
흥미는 잠자는 고래를 깨운다.

사람은 섬이 아니다

데스 스트랜딩

뭐라고요? 마커스가 학교 콘서트에서 '킬링 미 소프틀리'를 부른다고요? 맙소사! 안 돼요!

왜요? 제 아들은 자기가 부르고 싶은 노래를 부를 권리가 있어요.

그 노래는 당신 때문에 부르는 거라고요. 탬버린 들고 애들 앞에서 그런 걸 불렀다간, 마커스는 졸업할 때까지 놀림거리가 될 겁니다!

I heard he sang a good song···
I heard he had a style···

홀로 섬처럼 살아가는 한량
윌 프리먼(휴 그랜트)과
왕따 소년 마커스(니컬러스 홀트).

And so I came to see him···
To listen for a while···

우— 우우 우— 우우— 우—

251

Killing me
softly~ Killing
me softly~

Killing me softly...
Killing me softly...

Killing me softly~
with his song~

워어어~ 워워어어어어~

'킬링 미 소프틀리'를 목청껏 부르는 휴 그랜트의
모습은 미친 짓도 혼자 하면 미친 놈이지만
둘이 하면 추억이 된다는 생활의 지혜와 함께
사람은 섬이 아니라고 말하는 영화 〈어바웃 어 보이
(About a boy)〉.

게임 개발계의 록스타 고지마 히데오(小島秀夫)가 마침내
2019년 말에 선보인 〈데스 스트랜딩〉이
전하는 메시지는 〈어바웃 어 보이〉와 크게 다르지 않다.

종말적 사건이 지구를 덮치고, 소규모로 집단을 이뤄
고립된 채 살아가는 생존자들을 하나로 엮어 미국을
재건하려는 정부. 단절된 생존자들 사이를 오가며 물자를
배달하는 주인공 샘 브리지스는 정부의 요청에 의해
이들을 통신으로 엮는 역할을 맡게 된다.

© 데스 스트랜딩

연결성이라는 메시지를 전달하는 데 있어 '택배 기사'를 이용한 것은 어찌 보면 유치할 정도로 직설적인 표현이긴 하지만, 고지마는 세련된 음악과 아름다운 배경, 그리고 그 특유의 복잡하고 골치 아픈 설정을 더해 독특한 결과물을 만들었다.

게임의 주된 임무는 간단히 말해 샘을 조작해 택배 덕후와 유령, 그 밖의 장애물을 극복하며 택배를 전달하고 통신을 연결하는 것이다.

내가 게임을 하는 건지 노동을 하는 건지 모르겠네.

이러한 방식은 게이머들 사이에서 호불호가 크게 갈렸다.

게임은 마치 연결을 위한 인류의 역사를 단축적으로 보여주는 듯하다. 게임 초반에는 직접 물건을 짊어지고 두 발로 걸어서 배송을 하지만, 진행할수록 각 지역 사이에 도로를 놓고 차와 같은 교통수단을 이용할 수 있다.

이거 정말 '체험! 삶의 현장'이군….

내 어깨도 뻐근해지는 것 같아.

253

처음으로 교통수단을 타고 도로 위를 달릴 때의 쾌적함이란 이루 말할 수 없다.

무엇보다 이 게임에 독특함을 더해 주는 것은 다른 게이머들과의 연결성입니다.

멀티 플레이를 지원하지 않기 때문에 다른 게이머들과 함께 여행을 하거나 상대의 모습이 화면에 나타나는 건 아닙니다.

그러나 온라인으로 연결된 게이머들은 함께 자원을 투자해 도로나 다리와 같은 기반 시설을 지을 수 있으며, 완성한 시설물은 각자의 게임 내에서 공유됩니다. 그 밖에도 다른 게이머가 설치한 경고 표지판, 사다리, 밧줄, 편의 시설도 공유되어 다른 플레이어에게 도움을 줄 수 있습니다.

254

ⓒ 데스 스트랜딩

ⓒ 데스 스트랜딩

도움이 필요한 곳에서 기막히게 설치한 다른 플레이어의 시설물을 만날 때면 없던 인류애마저 생긴다.

특히 눈에 띄는 부분은 다른 플레이어가 지은 이러한 시설물이 도움이 되었다고 생각하면 '좋아요'를 보낼 수 있기 때문에 플레이어 간의 연결성을 한층 더 느낄 수 있었다는 점이다.

이러한 게임 내 장치 덕분에, 게임은 고독하지만 그 여정은 결코 고독하지 않습니다.

이처럼 우리는 이제 섬이 아니게 되었습니다. 심지어 게임에서조차 말이죠.

우리는 물리적 거리와 시간을 초월해 다른 사람들과 24시간 내내 연결된 초연결성 사회에 살고 있습니다. 분명 이러한 발전 덕분에 편지를 주고받을 때보다 핸드폰과 이메일을 주고받는 지금이 더 행복해야 합니다.

그러나 현실은 정반대다. 최근의 조사에 따르면, 과거 어느 때보다 우울증을 보이는 십 대의 수가 늘었다고 한다. 그 중심에는 스마트폰과 소셜 미디어가 있다.

대체 아이들에게 무슨 일이 벌어지고 있는 것일까?

샌디에이고 주립대학교의 심리학자인 진 트웬지 (Jean Twenge)는 1991년 이후 매년 미국의 13~18세 청소년을 대상으로 한 전국 조사에서 50만 명 이상의 청소년들의 전자 기기 및 온라인 미디어 습관에 대한 데이터를 수집했다. 이를 토대로 그녀는 1995년부터 2012년 사이에 태어난 세대에서 정신 건강 문제가 급격히 증가했다는 사실을 밝혀냈으며, 그 주요한 원인으로 스마트폰을 지적했다.

십 대들을 대상으로 자살에 대한 생각이나
계획을 가지고 있거나 혹은 실제로 시도할 생각이
있는지에 대해 물었는데, 적어도 하루에 2시간 이상
기기를 사용한 십 대들 중 3분의 1은 이러한 행동 중
하나를 인정했습니다. 하루에 5시간 이상
기기를 이용하는 십 대의 경우 거의 절반으로
증가했습니다. 소셜 미디어를 매일 사용하는
십 대들은 매일 사용하지 않는 또래들보다
우울하다고 말할 가능성이 13%나 높았습니다.

Jean M. Twenge, PhD
author of Generation Me

iGen

Why Today's
Super-Connected
Kids Are Growing Up
Less Rebellious, More
Tolerant, Less Happy—
and Completely
Unprepared for
Adulthood*

*and What That Means for the Rest of Us

그녀는 이러한 연구를 바탕으로
2017년에 《아이젠(iGen)》이라는 책을
출판했고, 이어서 한 잡지에 "스마트폰은
한 세대를 파괴했는가?"라는 도발적인
제목의 기사*를 써서 큰 반향을 일으켰습니다.

1995년부터 2012년 사이에 태어난
세대는 스마트폰, 소셜 미디어와
함께 학창 시절을 시작한 이들로,
인터넷 이전 시대를 기억하지 못합니다.
저는 이 세대를 '아이젠'이라고
부릅니다.

* 출처: "Have Smartphones Destroyed a Generation?"
(https://www.theatlantic.com/magazine/archive/2017/
09/has-the-smartphone-destroyed-a-generation/
534198/)

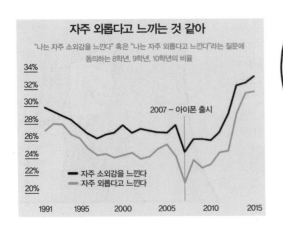

자주 외롭다고 느끼는 것 같아

"나는 자주 소외감을 느낀다" 혹은 "나는 자주 외롭다고 느낀다"라는 질문에
동의하는 8학년, 9학년, 10학년의 비율

2007 – 아이폰 출시

— 자주 소외감을 느낀다
— 자주 외롭다고 느낀다

2012년부터 우울증과 자살률이 급격히 증가했는데, 이는 2007년에 아이폰이 출시되고 2012년에 이르러 스마트폰을 소유한 미국인의 비율이 50%를 넘는 바로 그 순간이었습니다.

물론 그녀 외에도 여러 전문가들이 스마트폰과
소셜 미디어가 아이들을 병들게 하고, 망가뜨리고
있다고 지속적으로 경고하고 있다.

정말 이 모든 것이 스마트폰과
소셜 미디어 탓일까?

아이에게 스마트폰을 쥐여주는 것은 코카인을 주는 것과 마찬가지입니다!

소셜 미디어와 스마트폰이 정말 십 대들의
우울증을 촉발하는지 증명하기는 어렵다.
트웬지의 연구에서는 단지 사용 시간과
우울증을 연관시켰을 뿐이다.

3시간 동안 페이스북에서 고양이 사진에
'좋아요'를 눌렀는지, 정보성 글을 읽고
토론을 했는지는 알 수 없다.

또한 그 상관관계도 명확하지 않다.

소셜 미디어 사용과 심리적 행복에 대한 조사는 2006년에야 이루어진 새로운 연구 분야다. 따라서 여기에 맞는 새로운 연구 방법이 필요하다.

페이스북을 많이 해서 우울해졌는지, 우울해서 페이스북을 많이 했는지는 알 수 없습니다.

스스로 작성하는 설문 조사는 매우 부정확하며, 간단한 질문만으로 우울증과 일시적인 어려움으로 인한 감정의 차이를 구별하기란 어렵습니다.

트웬지의 발표는 여러 연구자들의 반발을 불러왔다.

그녀의 주장은 너무 극단적입니다!

몇몇 연구자들은 기존에 발표된 스마트폰과 청소년 정신 건강의 상관관계를 다룬 논문을 모아 분석했고, 그 결과 청소년의 행복감에 미치는 영향은 극히 적다고 보고했다.

그러나 분명 많은 통계들은 청소년들의 우울증 증가를 가리키고 있다. 이는 무엇을 말하는 걸까?

전문가들은 정신 건강에 대한 문제의식이 증가하면서 과거보다 훨씬 더 자신의 상태를 돌아보고 관심을 기울인 결과일 수 있다고 말합니다.

문제를 과장하는 것은 상황을 악화시킬 수 있다.

아이가 갖고 있는 우울한 감정을
우울증이라는 정신질환 용어로 표현하며
치료를 받아야 하는 것으로 규정하는
것과 삶의 일부이자 거쳐 가는 사건으로서
문제를 바라보는 것의 차이는 크다.

트웬지의 주장을 반박하는 한 매체에
실린 글*에는 스마트폰과 청소년 우울증의
관계에 대해 더 날카로운 해석이 담겨 있다.

그녀가 잘못된 것을 이야기하는 것은
아닙니다. 그러나 그녀는 증거로부터
옳은 결과를 도출하는 데 있어 신중하지
못했습니다.

그녀는 스마트폰의 등장으로 10대의
소셜 미디어 사용량이 증가했다고 말합니다.
그러나 그건 기성세대들도 마찬가지입니다.

* 출처: "Yes, Smartphones Are Destroying a Generation,
But Not of Kids." (https://daily.jstor.org/yes-smartphones-
are-destroying-a-generation-but-not-of-kids/)

과학 작가이자 연구자인
알렉산드라 새뮤얼(Alexandra Samuel)

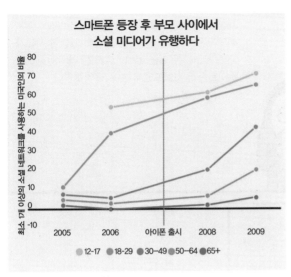

스마트폰 등장 후 부모 사이에서 소셜 미디어가 유행하다

2005년에는 30~49세 사람들 중 오직 6%만이 소셜 미디어를 사용했지만, 2009년이 되면 44%까지 증가한다. 이 시기에 가장 빠른 성장세를 보인 건 18~29세와 30~49세였다.

이 그래프가 말하는 게 뭘까요? 바로 부모들의 스마트폰 사용 시간이 증가했음을 보여주는 것입니다. 당연히 부모들이 양육에 쏟는 시간은 그만큼 줄어들 수밖에 없습니다.

트웬지는 스마트폰 때문에 지금의 청소년들이 과거보다 독립적이지 못하다고 말합니다. 그러나 아이들의 독립성을 키워 주기 위해서는 부모가 시간을 내어 그러한 것들을 가르쳐야 합니다.

우리가 해야 할 것은 아이들의 손에서 스마트폰을 뺐는 것이 아니라 그들이 올바르게 활용할 수 있도록 시간을 내어 지도하는 것입니다.

스마트폰이 파괴한 세대는 아이들이 아니라 우리 어른들입니다.

세상은 점점 더 치열해지고 있다. 이제는
부모가 모두 맞벌이를 해야만 삶이 가능한 시대가
되었다. 그들은 퇴근 후에도 자의든 타의든 간에
스마트폰과 키보드에서 손을 떼지 못한다.

스마트폰이 아이들을 망쳤다고
비난하지만 그건 결과일 뿐이다.

우리가 아이들을 스마트폰과 함께
섬에 방치한 것이다.

과학사

아리스토텔레스의 세계

라이즈 오브 더 툼레이더

한때 인류는 지구가 우주의 중심에 고정되어 있다고 여겼다. 이 단단한 믿음을 흔든 건 코페르니쿠스였다. 그는 1543년에 출판한 《천구의 회전에 관하여》에서 지동설을 천명했다.

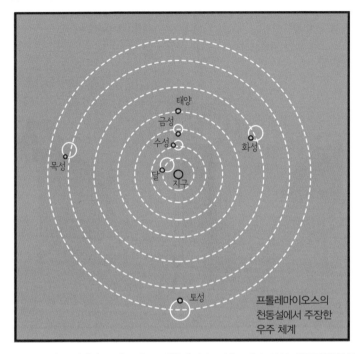

프톨레마이오스의 천동설에서 주장한 우주 체계

우리는 이를 기리며 코페르니쿠스 '혁명'이라고 부르지만, 당시 대중의 반응은 전혀 혁명적이지 않았다.

책이 너무 어려웠기 때문에 수학에 밝은 일부 천문학자들 말고는 의미를 이해하기 어려웠다. 우리가 느끼는 현실은 지구가 고정되어 있고 하늘이 회전한다고 말하고 있었다. 지동설은 그저 별의 움직임을 좀 더 간단히 설명할 수 있는 수학적 도구일 뿐이었다.

코페르니쿠스

태양을 중심으로 지구가 회전한다는 잘못된 가정을 하고 있지만, 구의 운동과 회전에 대한 이전의 어떤 설명보다도 나은 것 같긴 합니다.

영국 천문학자 토머스 블런드빌(Thomas Blundeville)

당시 지동설에 대한 여러 반론 중 하나는 움직이는 지구 위에서의 물체의 움직임에 관한 것이었다. 만약 지구가 움직인다면 수직 방향으로 쏘아 올린 대포알은 어디로 떨어질까?

아리스토텔레스는 지구가 우주의 중심이며 따라서 모든 물체는 지구 중심을 향해 직선운동을 한다고 주장했다.

그러니 지구가 멈춰 있다면 대포알은 정확히 대포 구멍으로 떨어질 것이다.

만약 지구가 움직인다면 대포알은 다른 곳으로 떨어질 것이다.

자전

이처럼 천동설과 지동설은 누가 움직이는지에 대한 문제만은 아니었다.

내가 중심이거든!

나거든!

· · · · · ·

지구가 움직이지 않는다는 전제하에 세워진, 16세기까지 유럽을 지배한 아리스토텔레스의 물리학에 대한 문제이기도 했다.

입장이 난처해졌군···.

아리스토텔레스

이 문제를 해결하기 위해 나선 이가 갈릴레이였다. 그는 물체의 수평 방향 운동과 수직 방향 운동은 서로 독립적이라는 것을 증명했다.

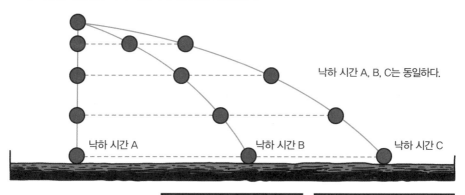

낙하 시간 A, B, C는 동일하다.

낙하 시간 A

낙하 시간 B

낙하 시간 C

즉, 지구가 움직여도

수직으로 던진 물체는

제자리로 떨어진다는 이야기입니다.

디스커버리 채널의 〈호기심 해결사(MythBuster)〉라는 프로그램에서는 같은 높이에서 떨어지는 총알과 발사한 총알이 거의 동시에 지면에 닿는 것을 실험으로 확인하기도 했다.

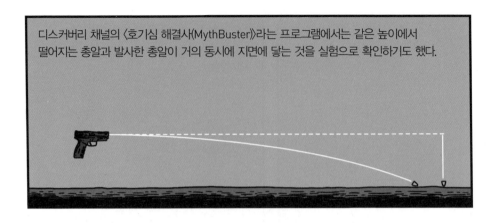

이제 아리스토텔레스의 물리학은 천동설과 함께 과학사의 한 페이지를 장식하고 있지만, 게임 속 세상에는 여전히 그의 영향력이 미치고 있다.

저는 게임 중에 캐릭터가 움직이는 물체 위에 올라서면 제자리 점프를 해보는 버릇이 있습니다.

더 정확히는 속도가 일정한, 등속도로 움직이는 물체 위에서 말이죠.

게임하면서 뭘 그렇게 혼자 구시렁대는 거야?

270

2015년 말에 출시한 〈라이즈 오브 더 툼레이더〉에서는
그 화려한 그래픽 뒤편에 숨겨져 있던, 아마도
대부분의 게이머가 알아차리지 못한 아주 사소한 오류가
눈에 띄었다.

내가 움직이는 물체 위에서
캐릭터를 제자리 점프 시키는
이유는

게임에서 종종 갈릴레오의
증명과는 다른 현상이
관찰되기 때문입니다.

이번 〈툼레이더〉에서도
그러했다.

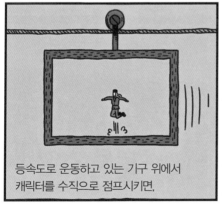

등속도로 운동하고 있는 기구 위에서
캐릭터를 수직으로 점프시키면,

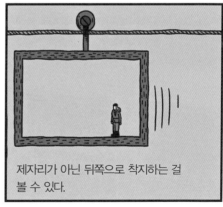

제자리가 아닌 뒤쪽으로 착지하는 걸
볼 수 있다.

이 게임은 아리스토텔레스의 세계관이 지배하는 지동설의 세계였던 것입니다!

게임하다 말고 뭔 정신 나간 소리냐?

지구의 자전과 공전은 이제 상식이 되었지만, 실생활에서는 지구가 멈춰 있다고 생각해도 별문제가 없다. 우리는 자동차를 몰면서 지구의 자전과 공전 속도를 고려하지 않는다. 선박의 항법 장치는 지구가 정지해 있다고 가정한다.

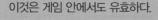

이것은 게임 안에서도 유효하다.

시속 150킬로미터로 달리는 기차 위에서 이리저리 총 쏘며 뛰어다니는 캐릭터를 시뮬레이션하려면 어떻게 해야 할까?

각각의 움직임을 시뮬레이션한다면, 굉장히 복잡하고 제대로 구현하기도 어렵습니다.

이럴 때는 기차가 멈춰 서 있다고 가정하고 캐릭터의 움직임을 시뮬레이션하는 게 훨씬 편합니다.

그럼 기차의 움직임은 어떡하냐고요? 기차가 아닌, 배경을 움직여서 속도감을 부여하는 것입니다.

이처럼 게임 내 객체들의 움직임을 시뮬레이션할 때는 필요에 따라 기준이 되는 좌표를 변경한다.

기차 위에 있을 때는 기차를 고정 좌표로.

기차는 멈춰 있고, 세상이 움직이는 거야.

땅에 내려섰을 때는 땅을 고정 좌표로.

세상은 멈춰 있고, 기차가 움직이는 거야.

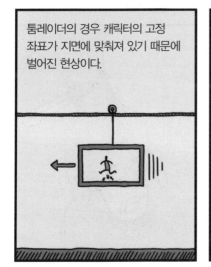

툼레이더의 경우 캐릭터의 고정 좌표가 지면에 맞춰져 있기 때문에 벌어진 현상이다.

기구에서는 어떤 액션도 없이 오로지 특정 구간을 이동할 때만 타기 때문에 개발진이 굳이 캐릭터의 고정 좌표를 바꾸는 수고까지는 하고 싶지 않았나 보다.

혹은 잊었던가요.

273

어떤 이들은 게임을 허무맹랑하다고 생각하지만, 게임은 현실 세계를 기반으로 합니다.

현실감은 게임에 더 몰입할 수 있게 하는 요소로 매우 중요합니다. 개발자들은 게임 내에 현실과 같은 세계를 구현하기 위해 많은 노력을 합니다.

그러나 현실감은 자세한 묘사와 광원 효과, 질감과 같은 그래픽적인 부분만 있는 것이 아닙니다.

사실적인 그래픽은 선택의 문제입니다.

게임에서 현실성을 부여하는 여러 요소 중 하나는 실제와 같은 사물의 물리적 운동입니다.

그러나 현실감을 위해 게임 내 모든 사물의 움직임을 실제와 같이 시뮬레이션할 수는 없습니다.

엔씨소프트 게임 개발자 김종원 님

274

너무 복잡해져서 예상치 못한 동작 또는 사이드이펙트(side effect : 의도치 않은 기능)가 발생할 가능성이 커지며, 게임의 난이도도 증가하기 때문입니다.

예를 들어, 게임에 관성을 적용한다면

어라 어라라 ‥‥

캐릭터를 조작하기가 매우 어려워질 것입니다.

그래서 개발자들은 게임에 적합한 현실성을 재현하기 위해 현실과 비현실을 취사선택한다.

게임은 현대물리학과 아리스토텔레스의 물리학이 뒤섞인 세계다.

이것 봐, 내 말이 맞지?!

쳇~!

진단의학자 혹은 명탐정

셜록 홈즈: 악마의 딸

스위스 라이헨바흐 폭포의 절벽.

결국 여기까지 오게 됐군, 셜록 홈즈.

인제 그만 결판을 냅시다,
모리아티 교수!

277

무…무슨 짓인가!
코난 도일!!

1893년 12월, 코난 도일은 〈마지막 문제〉 편에서 셜록 홈즈를 모리아티 교수와 함께 절벽에서 밀어 버리고 홈즈 시리즈를 끝내 버렸다.

미안하네, 셜록 홈즈.

짐승 같은 놈! 홈즈를 살려내라!

코난 도일, 이 망할 자식!

선생님, 잡지사로도 항의 편지가 물밀듯이 쏟아져 들어옵니다.

저희가 물심양면으로 지원할 테니 생각을 바꾸시는 게 어떨지요?

됐소! 가짜 사건을 만들어 내고 해결하는 데 인생을 허비하고 싶지 않소!

애초에 코난 도일은 《셜록 홈즈》 시리즈로 유명해지고 싶은 생각이 없었다. 그가 쓰고 싶었던 글은 더 진지한 역사소설이었다.

난 앞서 발표했던 《마이카 클라크(Micah Clarke)》나 《백의단(The White Company)》 같은 글을 계속 쓰고 싶단 말이오!

그러나 그것보다 《셜록 홈즈》가 훨씬 인기가 많은데요.

젠장!

코난 도일은 총 60편의 《셜록 홈즈》 시리즈를 발표하고 1930년 7월 7일에 생을 마감했지만, 그가 창조한 셜록 홈즈는 불멸의 생명을 얻었다.

잘 가시게~ 코난 도일.

셜록 홈즈는 책을 넘어 영화, 드라마, 만화 등 여러 매체로 등장해 끊임없이 재현·변형·창조되었다.

근래의 가장 유명한 셜록 홈즈인 《셜록》의 베네딕트 컴버배치

게임도 예외는 아니다. 단순히 보기만 하는 영화와 달리 게이머가 직접 참여해 이야기를 진행하는 게임의 장점은 추리소설의 장르적 특성을 구현하는 데 매우 이상적이었다.

그는 범인입니까?

예   아니오

범인!…이 맞나?

프로그웨어스(Frogwares)는 2004년부터 꾸준히 셜록 홈즈 게임을 제작하고 있는 게임 회사로 2016년에는 여덟 번째 시리즈 작품인 〈셜록 홈즈: 악마의 딸〉을 발표했다.

동네 건달처럼 생긴 저 사람이 셜록 홈즈입니다.

이 작품에서 게이머는 셜록 홈즈의 특징인 시각적 관찰을 통한 추리에 직접 참여해 사건을 조사하고 문제를 추리합니다.

© 셜록 홈즈: 악마의 딸

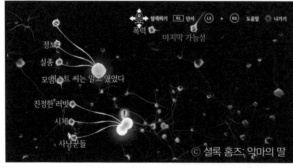

© 셜록 홈즈: 악마의 딸

게이머가 수집한 증거를 토대로 어떻게 추리하고 판단하느냐에 따라 생각의 타래는 다르게 연결되고, 지목하는 범인 역시 달라진다.

또한 게임 곳곳에서는 빅토리아시대의 분위기와 함께 초기 과학수사의 일면도 엿볼 수 있습니다.

ⓒ 셜록 홈즈: 악마의 딸

혈액은 잘 변성되는 액체이기 때문에 어떤 얼룩이 혈액인지 여부를 판별하기란 사실 쉽지 않다.
19세기 말에는 여러 화학물질을 이용한 검사법, 현미경 관찰, 분광 분석법 등을 이용해 혈액 여부를 조사했다.

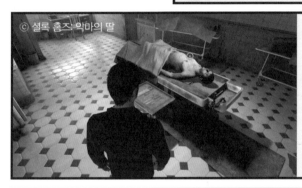

ⓒ 셜록 홈즈: 악마의 딸

19세기 영국에서는 사인이 의심스러운 시체는 검시관에게 넘겼지만, 검시관이 꼭 의학 교육을 받은 사람인 것은 아니었다.

게임에 등장하는 셜록 홈즈의 자리. 현미경, 해부학 그림, 확대경, 여러 화학 약품들이 보인다.

ⓒ 셜록 홈즈: 악마의 딸

이런 과학적 요소들은 게임에만 등장하는 것은 아니다. 원작 소설에서도 당시 다른 추리 소설들과 달리 과학, 특히 의학적 요소들이 많이 등장했다.

"60편의 《셜록 홈즈》 소설에서는 68개의 질병, 32개의 의학 용어, 38명의 의사, 22개의 약물, 12개의 전문 의학 분야, 6개의 병원과 3개의 의학 저널, 2개의 의학교가 등장한다."

덕중에 덕은 양덕이라더니…

* 출처: Key, J. D., and A. E. Rodin. "Medical reputation and literary creation: an essay on Arthur Conan Doyle versus Sherlock Holmes 1887–1987." *Adler Museum Bulletin* 13,2(1987): 21–25.

이는 코난 도일의 의학적 배경 때문이다. 그는 1881년에 에든버러 의과대학을 졸업했으며, 1885년에 척수로(tabes dorsalis, 심한 통증이나 여러 가지 기능 장애를 수반하는 매독. 척수매독이라고도 한다)에 관한 논문으로 의학사를 취득했다.

나, 의대 나온 남자야.

1890년에는 안과의가 되기 위해 빈으로 떠났고, 다시 영국으로 돌아와 안과병원을 열기도 했다.

에헴—

그러나 운영은 시원찮았다.

글이나 써야겠다.

훌륭한 진단의가 되기 위해서는 '훈련된 눈'을 가져야 합니다.

그 눈 말고.

코난 도일은 의과대학 시절 에든버러 왕립병원에서 그를 가르쳤던 조지프 벨(Joseph Bell) 박사에게 매우 깊은 인상을 받았다.

눈이요? 제 병원에 오시면 싸게….

에든버러의 저명한 의사였던 벨은 의사로서 깊은 존경을 받았던 인물이다.

이 환자에게는 무슨 일이 있었을까요?

…….

눈으로 보고, 귀를 기울이고, 머리를 쓰세요. 이를 통해 통찰력을 고취하고 추론의 힘을 길러야 합니다.

벨은 진단에서 환자의 환경·버릇·겉모습·특성 등에 관심을 두고 공부했으며, 학생들에게도 이러한 것에 주목할 필요가 있다고 강조했다.

이러한 그의 독특한 진단법은 훗날 코난 도일이 셜록 홈즈를 창조하는 데 기반이 되었습니다.

자네, 말해 보게!

이에 대해 코난 도일은 벨에게 감사의 편지를 쓰기도 했다.

친애하는 벨 박사님. 저는 셜록 홈즈를 창조하는 데 있어 당신에게 빚을 졌습니다.

오~ 이럴 수가.

내가 모델이었다니… 코난 이 친구… 하하~

나도 가만있을 순 없지! 제자에게 좋은 아이디어를 선물해야지.

솔직히 말해 선생님이 보내준 아이디어 중에는 그다지 쓸 만한 것이 없었습니다.

그러면 나도 의학박사 학위 정도는 있는 걸로 설정 좀 해주지. 쳇~!

상대의 이력을 조사하고, 신체를 관찰하며 추론하는 체계적이며 논리적인 진단 의학적 방법론들은 셜록 홈즈의 독특한 추리 방법의 중심을 이룬다. 그리고 자신이 추리한 것을 마치 의학계에서의 사례 발표와 같이 제시하고 토론과 질문을 이어 가는 모습은 모두 이러한 코난 도일의 배경과 모델에 기인한다.

팬들의 엄청난 항의에도 불구하고 코난 도일은 무려 8년을 버텼다.

홈즈를 살려내!

결국 1901년에 홈즈가 죽기 이전 시간을 배경으로 한 《바스커빌의 개》를 발표했다.

여기 있소!

그리고 1903년에는 《빈집의 모험》에서 마침내 홈즈를 부활시켰다.

코난 도일 만세!

만세

휴~

그러나 부활당한(?) 이는 셜록 홈즈만이 아니었다.

홈즈를 위태롭게 만들었던 모리아티 교수는 그 후로 모든 작품에서 그의 호적수로 등장해 매번 죽음을 맞게 되었다.

저광~

전광~

셜록 홈즈

홈즈에 대한 원죄로 그는 영원히 반복되는 부활과 죽음의 고통을 겪게 되었다.

사냥의 이유

몬스터 헌터: 월드

모든 생물은 다른 생물로부터 삶에 필요한 에너지를 얻는다.

인간도 예외는 아니다.

우리는 생존을 위해 늘 동물을 사냥했다.

더는 사냥이 필요 없어진 지금도 우리는 예전의 본능을 잊지 않고 다양한 방식으로 사냥을 즐기고 있다.

그중에서도 게임은 시간과 장소에 구애받지 않고, 어떤 위험에 처하지 않고도 사냥의 욕구를 채울 수 있는 훌륭한 도구로 등장했다.

캡콤사의 〈몬스터 헌터〉 시리즈는 이러한 사냥에 초점을 맞춘 게임이다.

ⓒ 몬스터 헌터: 월드

캡콤은 2018년에 〈몬스터 헌터: 월드〉를 출시했다.

이 게임은 실제 사냥에 나서듯 사냥감에 맞춰 꼼꼼히 장비와 도구를 갖추고 거내 괴물들을 쓰러뜨리고 포획한다.

게임의 전반적인 디자인뿐 아니라 야생의 생태계도 현실감 있게 구현하는 등 개발진은 사냥의 묘미를 살리기 위해 여러모로 노력해 왔다.

이렇게 마련된 세계 속에서 21세기의 사냥꾼들은 원초적 본능을 실현하고 있다.

우리는 더 이상 사냥이 필요 없는 시대에 살고 있는데도,

왜 실제가 아닌 게임에서조차 사냥에 심취하는 걸까요?

우리가 사냥에서 희열을 느끼는 이유는 뭘까요?

사냥은 인간에게 단순히 식량 조달의 수단만은 아니었다.

사냥은 힘과 용기를 증명하는 수단이자

유흥이었으며, 때로는 특권의 상징이었다.

19세기에는 여기에 몇 가지 의미가 더 추가되었다.

유럽이 식민지 정책에 나서면서 영토 확장에서 사나운 야생동물은 걸림돌이자 유럽 문명의 축복을 전하기 위해 치워야 할 장애물이었다. 맹수 사냥은 제국주의의 상징이 되었으며, 단순한 오락이 아니라 식민지 정착민과 원주민을 위한 봉사 활동이기도 했다. 사냥꾼들은 식민지 국가와 본국 모두에서 환영과 보상을 받았다.

프레더릭 커트니 셀루스(Frederick Courteney Selous, 1851~1917)는 상아 사냥꾼으로 20년을 활동했던 영국의 유명한 사냥꾼이다. 그는 한 강연에서 문명화의 대의를 발전시키고 대영제국의 확장을 도왔던 인물로 소개되기도 했다.

사냥한 동물의 박제와 뿔과 같은 전리품은 전시되었고, 그들의 무용담은 책으로 출판되었다. 이런 모든 것들은 고국 사람들을 흥분시켰고, 식민지 개척의 정서를 불러일으켰다.

© 몬스터 헌터 월드

1851년 런던에서 열린 대박람회에는 수많은 사냥 전리품이 전시되었다.

〈몬스터 헌터〉에서도 이러한 감수성이 고스란히 느껴진다. 게이머들은 험난한 야생의 환경 속에서 강력하게 그려지는 몬스터들을 사냥한다.

인류 문명의 찬란한 앞길을 막는 놈들은 내 손으로…

힘과 용기, 헌신과 경쟁의 장으로서 사냥은 배부름과 상관없이 우리에게 큰 희열을 선사한다.

다음에 오겠습니다~

게임에서는 이들을 얼마든지 죽여도 상관없지만, 현실은 달랐다. 특히 사냥이 개인의 성공과 사회적 위상의 지표가 되고, 용맹함을 증명하는 수단이 되면서 경쟁은 더욱 심해졌다. 무차별적인 도살이 계속되면서 동물들은 점차 자취를 감췄다.

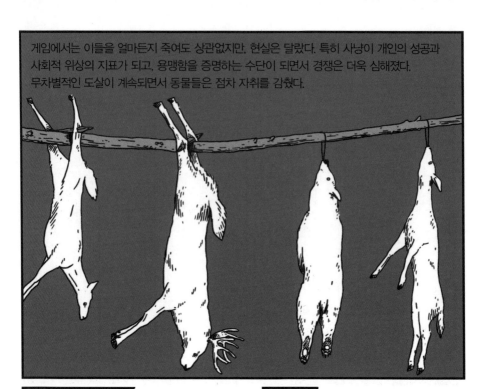

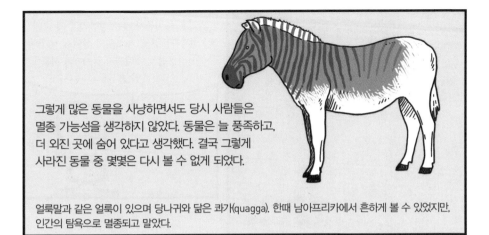

그렇게 많은 동물을 사냥하면서도 당시 사람들은
멸종 가능성을 생각하지 않았다. 동물은 늘 풍족하고,
더 외진 곳에 숨어 있다고 생각했다. 결국 그렇게
사라진 동물 중 몇몇은 다시 볼 수 없게 되었다.

얼룩말과 같은 얼룩이 있으며 당나귀와 닮은 콰가(quagga). 한때 남아프리카에서 흔하게 볼 수 있었지만,
인간의 탐욕으로 멸종되고 말았다.

지구상의 거의 모든 곳에 인간의 발길이 닿고 나서야 비로소 우리가 그들을 모두 죽였다는 걸
깨닫게 되었다. 점차 사람들의 인식이 바뀌기 시작했다. 야생동물은 진보를 위해 퇴치해야 할
대상에서 보호해야 할 귀중한 자원으로 여겨지면서, 19세기 후반부터 유럽 국가를 중심으로
사냥금지구역을 지정하고 야생동물보호법을 시행했다.

북아메리카의 들소 무리를 비롯해 야생동물을 보호하기 위해 1872년 옐로우스톤 국립공원이 세워졌다.
그림은 1905년에 제작한 국립공원 지도다.

293

이런 노력에도 불구하고 여전히 많은 동물이 남획으로 멸종 위기에 처해 있다. 야생동물 밀수 시장은 마약 시장의 규모와 맞먹는다. 특히 상아가 부와 지위를 상징하면서 코끼리는 멸종에 직면해 있다.

각국은 줄어들지 않는 상아 밀수에 대해 더 엄격한 조처를 취하면서 상아를 비롯해 그 가공품의 거래까지 금지하려 하고 있습니다.

상아로 된 왕실 소장품을 모두 없애 버리고 싶습니다.

윌리엄 영국 왕자는 야생동물 보호에 적극적으로 나서는 유명인이다.

또한 불법적인 상아를 가려내는 새로운 기술도 등장했습니다.

1950년대 대기권에서 실행되었던 원폭 실험으로 인해 방사성동위원소인 탄소-14의 농도가 급격히 증가했다가 이후 서서히 감소했다. 탄소-14는 식물에 흡수되었고, 이를 먹는 코끼리와 같은 초식동물의 몸에 축적되었다.

C-14

샘플 상아에서 탄소-14의 농도 곡선을
조사하면 샘플의 연대를 1950년대 이전과
이후로 구분할 수 있으며, 아주 작은
샘플로도 조사가 가능합니다.

뉴욕 콜롬비아대학교의
라몽 도허티 지구관측소
연구원인 케빈 우노
(Kevin Uno)

아직 많은 법에서 상아의 날짜를 불법의
판단 기준으로 삼는 만큼 이 기법은 큰 도움이
된다.

이보다 앞서 개발된 DNA 기법과 함께
사용하면 샘플의 상아가 언제 어디서
유래했는지를 밝힐 수 있다.

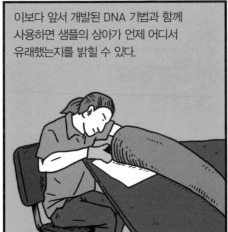

2018년에 발매한 〈몬스터 헌터: 월드〉는
채 1년도 되지 않아 전 세계적으로
1000만 장을 돌파했다.

수백만 명의 사냥꾼이 〈몬스터 헌터: 월드〉의
야생에서 사냥하고 있다.

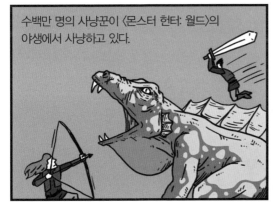

여기서는 어떤 생명도 죽지 않는다.

괴물의 탄생

라스트 가디언

2001년에 플레이스테이션 2로 발매된 〈이코〉는 안개의 성에 갇힌 소년이 의문의 소녀 요르다와 함께 퍼즐을 풀며 성을 탈출하는 단순한 구조이지만, 몽환적인 분위기와 뭉클한 스토리로 크게 호평받은 작품이다. 특히 소년이 요르다의 손을 잡으면 심장박동이 전해지듯 게임패드가 약하게 진동하여 게이머의 애간장을 태웠다.

너의 손을 놓지 않을 거야.

엉엉엉~

2005년 플레이스테이션 2로 발매된 〈완다와 거상〉은 제물로 바쳐진 사랑하는 연인을 다시 살리기 위해 금단의 땅에 들어가 16개의 거상을 쓰러뜨리려는 주인공 완다의 이야기를 그린다. 완다가 그의 말 아그로와 함께 황량한 금단의 땅에서 쓸쓸하고 고독한 싸움을 계속해 나가는 이 작품 또한 슬프고 여운이 남는 스토리와 엔딩으로 많은 게이머의 심금을 울렸다.

그녀를 살려야 해.

엉엉엉~

이처럼 단순한 재미를 넘어 감동을 선사했던 〈이코〉와 〈완다와 거상〉의 게임 디렉터 우에다 후미토.

2009년 세계 최대의 게임쇼인 E3(Electronic Entertainment Expo)에서 트레일러를 발표한 후 감감무소식이던 그의 차기작 〈라스트 가디언〉이 마침내 2016년 10월 플레이스테이션 4로 발매되었다.

폐허가 된 오래된 유적에서 눈을 뜬 소년. 그 옆에 묶여 있는 개와 독수리를 섞어 놓은 식인 독수리 '토리코.' 〈이코〉와 시작이 비슷한 이번 작품은 소녀 대신에 '토리코'가 자리를 대신하고 있다. 둘은 서로를 의지하며 역경을 헤쳐 나간다.

이번 작품에서도 우에다 후미토는 고요함과 쓸쓸함, 기이한 문양의 석재 건축물 등 그 특유의 공간적 분위기를 이어 가고 있습니다.

한편으로 '토리코'는 〈완다와 거상〉에서 소녀를 살리기 위해 거상과 싸워 나갈수록 점점 지친 모습으로 그려지는 완다와 같다. 토리코는 이야기가 진행될수록 소년을 지키기 위한 끊임없는 싸움 속에서 상처입는다.

토리코. 내가 박혀 있는 창 빼줄게.

엉엉엉~

이번 작품에서 무게중심은 소년보다는 '토리코'에 있다고 볼 수 있습니다.

개의 얼굴과 몸, 새의 발과 날개, 깃털을 가진 토리코는 마치 16세기 박물학자인 알드로반디의 책에 그려져 있는 괴상한 동물 삽화를 형상화한 것 같은 모습을 하고 있다.

게임 속 로딩 화면에는 근대 초 박물학 책에 실제 수록되었던 삽화가 등장하는 것으로 보아 디자이너들도 그런 자료에서 영감을 받은 듯하다.

© 라스트 가디언

울리세 알드로반디(Ulysses Aldrovandi, 1522~1605)는 이탈리아 볼로냐의 박물학자, 수집가다. 그는 식물, 동물, 암석 등 자연의 모든 것을 수집하고 연구하여 분류하는 데 평생을 헌신했다.

그는 여러 권의 책을 남겼는데 죽은 뒤 50년 후인 1642년에 출판된 《괴물의 역사(Monstrorum Historia)》에는 마치 게임 속 몬스터 디자이너의 드로잉북에서나 볼 법한 기이하고 괴상한 생물체로 가득 차 있다.

대체….

이런 생물들은 알드로반디의 책에서만 등장한 것이 아니다. 16~17세기 독일, 프랑스를 비롯한 유럽의 박물학자와 의사들은 괴물을 기록한 책을 출판했다.

이 사람들은 어디서 무얼 본 걸까요?

* 알드로반디의 《괴물의 역사》에 실린 그림을 옮겨 그렸다.

실제로 16세기의 유럽에는 '괴물'이 곳곳에 존재했다. 귀족들은 세계 곳곳에서 기이한 물건을 수집했고, 자연철학자들은 자연을 체계적으로 분류하겠다는 원대한 꿈을 꾸었다.

덴마크의 의사이자 수집가였던 올레 보름(Ole Worm)의 수집품을 모아 놓은 방을 그린 판화. 이렇게 이국적이고 기이한 물건을 수집해 놓은 방을 '호기심의 방(cabinet of curiosities)'이라고 불렀으며, 박물관의 효시가 되었다. (그림 출처: 위키피디아)

하지만 아직 자연에 관한 지식이 제한적이었기 때문에 그들의 도전은 커다란 어려움에 부딪혔습니다.

낯선 동물이 새로운 종인지, 그저 기형으로 태어난 것인지, 왜 그렇게 태어나는 것인지 알 도리가 없었다.

* 알드로반디의 《괴물의 역사》에 실린 그림을 옮겨 그렸다.

301

방대한 자연계를 분류하기 위해
박물학자들은 표준을 정하고 거기서
벗어나는 것, 낯설거나 익숙지 않은
것들을 모두 '괴물'로 분류했다.

알드로반디의 《괴물의 역사》에 등장하는
선천성 다모증(congenital hypertrichosis)
사람. 이들 중 일부는 궁궐의 '재산'으로서
부유한 삶과 교육을 누렸다.

아리스토텔레스

당시에는 신화와 사실을 구분하기란
불가능했습니다. 1000년도 전에 씌어진
고대 철학자들의 책은 여전히 진리의 자리를
차지하고 있었습니다.

〈라스트 가디언〉의 로딩 화면에서는 폴란드의 자연철학자이자 의사였던 존 존스턴(John
Jonston, 1603~1675)이 런던에서 출판한 책 《네 발 짐승의 본질에 관한 설명(A Description
of the Nature of Four-footed Beasts)》(1678)에 실린 마티고라(martigora) 그림을 볼 수 있다.
아마도 만티코어(manticore)라는 이름이 더 친숙할 이 신화 속 괴물은 아리스토텔레스와
플리니우스에 의해 서술되었다. 이 괴물은 붉은 몸과 회색 눈, 사람의 얼굴과 귀, 사자의
발톱과 전갈의 꼬리, 세 줄로 나 있는 이빨을 가지고 있으며 신선한 사람의 고기를 먹는다고
한다.

Martigora

© 라스트 가디언

박물학자들은 탐험가들이 미지의 대륙에서
전해 오는 소식들을 접했지만, 그 증거가 되는
표본을 전부 직접 관찰할 수는 없었다.
탐험가들은 박물학자가 아니고, 심지어
대부분은 무식했기 때문에 그들의 묘사와
기록은 주관적일 수밖에 없었다. 그들의 말을
거쳐 예술가의 손에서 탄생한 생물은 결국
우스꽝스러운 해석의 결과물이었다.
여기에 새로운 자연현상과 미지의 대륙에 대한
동경은 이런 '괴물'을 터무니없는 것이라고
무시할 수 없게 만들었다.

* 알드로반디의 《괴물의 역사》에 실린 그림을 옮겨 그렸다.

상상력을 먹고 자란 괴물은 기존의
지식과 급작스럽게 넓어진 견문의
틈을 메웠다.

기형의 원인 중 하나는
동물과 혹은 생리 기간 중에
성교를 했기 때문입니다.

맙소사~

프랑스 외과 의사 앙부르아즈 파레(Ambroise
Paré, 1510~1590)

17세기를 지나며 경험과 지식이 그 공백을
채웠지만, 괴물은 사라지지 않았다.

괴물은 소설을 통해 우리의 머릿속을 거닐었으며,
영화로 실체화된 몸을 얻었고, 게임 속에서 영원한
생명력을 얻었다.

그리고 영원한 고통도…

중력에 대항하다

그래비티 러시

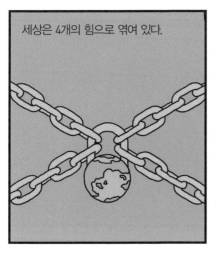

세상은 4개의 힘으로 엮여 있다.

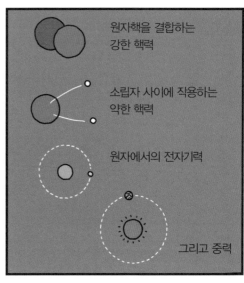

원자핵을 결합하는
강한 핵력

소립자 사이에 작용하는
약한 핵력

원자에서의 전자기력

그리고 중력

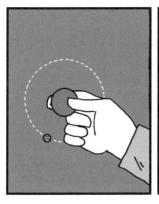

이 중 중력은
가장 약한 힘입니다.

쇠 구슬을 떨어뜨려도

원자들 간의 결합력을
끊어내고 지구 중심으로
파고들지 못합니다.

핑!

아야!

반면 자석을 갖다 대면 아주
쉽게 중력의 힘을 거스릅니다.

이렇게 중력은 가장 약한
힘이지만…

아빠! 왜 날
가지고 실험해!

중력은 세상 모든 곳에 존재한다. 지구는 태양의 중력에 붙잡혀 있고, 태양은 우리 은하 중심의 거대 블랙홀의 중력에 붙잡혀 있다. 우리 은하는 암흑물질의 중력으로 여러 은하와 단을 이루고 있고, 여러 은하단은 다시 중력의 영향하에 더 큰 집단을 이루고 있다. 우주의 수축과 팽창 역시 중력의 영향 아래 있다.

심지어 게임 안에서도 중력은 어김없이 작용한다.

쩜…쩜프! 아쒸~ 또 떨어졌네!

게임은 마냥 제멋대로의 상상력으로 그리는 것으로 생각하지만, 그 기반은 현실이다. 공중을 날아 레이저 광선을 쏘며 거대한 괴물과 싸우는 초현실적인 게임조차도 말이다.

보옹—

탈출을 하려면 먼저 감옥이 필요하듯이, 초현실을 그리기 위해서는 그것을 벗어날 현실이 필요하죠.

보옹—

중력은 현실을 반영하는 필수적인 요소다. 정도의 차이가 있을 뿐 대부분의 게임에서도 중력 법칙은 어김없이 작용한다.

축퇴압 유탄발사기로 한 방에 보내 주지.

캐릭터는 제한적인 무게를 들며,

총이 너무 무거워서 움직이기 힘들잖아.

제한된 높이를 뛸 수 있고,

끙끙~

쿵쿵쿵—

높은 곳에서 추락하면 죽기도 한다.

아이고! 내 무릎 연골!

폴짝!

팅!

게임 개발자는 중력에 변화를 줌으로써 캐릭터를 성장시키고 초현실적인 세계를 구축한다.

으하하하—

레벨 낮으면 저리 꺼져!

으악!

끄지지직!

이처럼 우리는 게임 속에서조차 중력의 영향에서 벗어날 수 없습니다.

꼴 좋다!

이러한 중력을 소재로 하는 〈그래비티 러시〉 시리즈는 일명 중력 액션과 독특한 세계관으로 많은 인기를 누렸던 게임이다.

게임은 중력을 조정하는 중력술사인
주인공 캣의 이야기를 중심으로 진행된다.
중력이라는 소재를 활용한 부유감,
비행 등의 움직임과 액션은 게이머들의
몰입도를 높여 주고 있다.

주인공 캣
너무 귀여웡~

심지어 무중력에서 느낄
수 있는 방향감 상실과
멀미까지도 경험케
해준다.

내 캐릭터가
어느 방향으로
서 있는 거람?

그런 게임 속
중력술사도
무중력 상태를
벗어나면 어김없이
중력의 영향으로
인해 곤두박질친다.

우리는 평생을 중력의 영향권 아래에서
살아야 할 운명이다.

그러나 이 운명을 거부하고 중력에 대항했던 사나이가 있었다. 그는 게임 속 괴짜 과학자가
아니라 실제로 존재했던 인물이다.

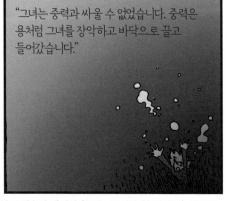

"그녀는 중력과 싸울 수 없었습니다. 중력은
용처럼 그녀를 장악하고 바닥으로 끌고
들어갔습니다."

1948년 발표한 로저 워드 뱁슨의 에세이 〈중력—우리의 첫 번째 적〉 중에서

로저 워드 뱁슨(Roger Ward Babson, 1875~1967)은 미국의 백만장자이자 대선에도 출마했던 사업가다. 경제, 금융 분야에서 남다른 통찰력을 보여주었던 뱁슨은 모든 행동에는 작용과 반작용이 존재한다는 뉴턴의 제3법칙을 기반으로 한 경제 평가 기법을 적용했는데, 1929년 주식시장의 붕괴와 경제적 불황을 예견하여 미국 경제사에서 빠지지 않고 등장하는 인물이다.

그는 1947년 두 번의 익사 사고로 누이와 손자를 잃은 후 중력에 대한 원한을 키웠고, 자신이 가진 재력을 활용해 중력과의 전쟁을 시작했다.

중력, 이 망할 놈! 궁둥짝을 차주지!

잠깐! 익사 사고가 중력 때문이라고요?

중력은 낮은 곳에 물을 채우듯 방, 사무실, 공장의 낮은 부분에 나쁜 공기를 정체시킵니다.

콸콸 콸콸

또한, 중력은 노인을 대상으로 한 수많은 사고에도 책임이 있습니다. 중력은 제대로 대처할 수 없는 이들을 넘어뜨림으로써 뼈를 부러뜨리고 순환기, 내장 기관 등에 문제를 일으킵니다.

아이고— 나 죽네—

그래서 수백만의 생명을 구하고 사고를 예방하기 위해 부분적으로 중력을 막을 수 있는 장치를 개발해야 합니다.

이렇게 몹쓸 중력과 싸우기 위해 1949년 뱁슨은 친구 조지 라이다우트 (George Rideout)와 함께 뉴보스턴에 중력연구재단(Gravity Research Foundation, GRF)을 설립했다. 이 재단은 궁극적으로 중력 차폐 개발을 목표로 하여 관련 정보를 수집·제공하고, 연구를 재정적으로 지원하기 위해 설립되었다.

중력연구재단은 1960년에 13개의 대학에 보조금과 기념비, 일명 반중력석을 기부했다.

사람들은 뱁슨의 의지에 쉽게 공감하지는 못했다. 학교에 세워진 반중력석은 학생들이 친중력 의식이랍시고 걷어차서 쓰러지기 일쑤였다.

중력에 순응해라!

팍!

중력연구재단은 지원금을 반중력이라는 목적에 맞게 사용해야 한다고 명시했기 때문에 대학은 지원금을 어디에 어떻게 사용해야 할지 몰라 몇 년을 묵혀 둘 수밖에 없었고, 일부는 뱁슨이 사망한 후에야 사용하기도 했다.

반중력 연구라니… 그렇다고 사이비 과학 같은 곳에 쓸 수도 없고….

반중력 연구용

중력연구재단은 학계가 반중력 연구에 관심을 갖게 하려고 매년 에세이 경연대회를 개최하고 수상작에 상금을 수여했다.

중력의 방지, 부분적인 차폐, 반사 또는 흡수 장치에 대한 제안이나 열 발산으로 중력을 재조정할 수 있는 일부 물질의 제안에 대해 상을 수여하겠습니다.

주제가 너무 응용 기술에만
국한되어 있는 것 같은데?

그런가?

적을 이기기 위해서는 적에 대한
이해도 필요하잖아.

그렇지. 그럼 주제의
폭을 좀 넓혀 볼까?

경연대회는 뱁슨의
목적과는 다른 방향으로
굴러가기 시작했다.

20세기 초 아인슈타인의 상대성이론 이후로 중력 연구는 침체기에 들어갔다. 게다가
냉전 시대에 접어들며 핵무기 개발 경쟁으로 말미암아 물리학계는 핵물리학에 집중했고,
상대성이론은 관심에서 벗어났다. 이런 상황에서 중력연구재단의 경연대회는 중력 연구자들을
위한 유일한 출구가 되었다. 20세기 후반에 다시 주목받기까지 중력 연구의 연속성이 유지될 수
있었던 것은 중력에 대한 뱁슨의 원한(?) 덕분이었다고 연구자들은 말한다.

조지 스무트
(George Smoot)

이를 증명하듯이 이 대회의 역대 수상자 명단은 스티븐 호킹
(Stephen Hawking)을 비롯하여 우주 마이크로배경복사로
2006년 노벨 물리학상을 받은 조지 스무트 등 현재 저명한
이론물리학자들의 이름으로 가득 차 있다.

현재 경연대회는 상위 5개 에세이에 대해 500달러에서 4000달러 사이의 상금이 수여되고, 동료 심사를 거쳐 학술지 《국제 현대물리학 저널 D (International Journal of Modern Physics D)》에 게재된다.

1위 상금은 4000달러에 불과하지만, 이 대회는 연구자들에게 큰 영향을 줍니다. 이 분야의 연구자들이 한 발 물러서서 자신의 연구를 전반적으로 바라볼 기회를 제공하기 때문입니다.

2007년 에세이 대회에서 우승한 캘리포니아 주립대학교 UC 데이비스의 물리학자 스티브 칼립(Steve Carlip)

현재 우리 재단의 목표는 중력과 관련된 생각과 토론을 자극하는 것입니다.

대회 참가자들은 중력연구재단의 경연대회가 아니라면 중력에 관한 생각을 글로 풀어 볼 기회가 없었을 것이라고 말합니다.

1988년부터 중력연구재단의 회장을 맡은 조지 라이다우트 주니어

대학에 지급한 보조금도 열매를 맺었다. 터프츠대학교는 보조금을 1989년에 터프츠 우주론 연구소(Tufts Institute of Cosmology) 설립에 사용했고, 이곳은 현재 중력 연구에서 권위 있는 연구소로 자리 잡았다.

이 연구소는 일종의 박사학위 수여식으로서 반중력석 앞에 무릎을 꿇고 머리 위에서 사과를 떨어뜨리는 전통을 이어 가고 있다.

현실은 종종 초현실에 기반해 굴러가기도 한다.

근세가 싹트다

플래그 테일: 이노센스

1328년에 프랑스 왕 샤를 4세가
후사 없이 죽은 후,

아이고~ 나 죽네~

영국과 프랑스 사이에 왕위 계승권을 놓고
다툼이 일어났다.

영국 국왕 에드워드 3세

우리 엄마가 샤를 4세의
누나니까 내가
프랑스 왕이다!

뭐래~ 여자는 왕위 계승권이
없으니 너희 엄마도, 너도
권리가 없거든.

샤를 4세의 동생인
발루아 백작의 아들
필리프 6세

백년전쟁으로 이어지는 이 갈등의 이면에는
프랑스의 노른자위 땅에 대한 이권 문제도
놓여 있었다.

나 필리프 6세가
프랑스 왕이로소이다!

당시 영국령이었던 귀엔(Guyenne) 지역은
포도주 생산지로서 소득이 높아 많은 세금이 걷히는
곳이었다.

아~ 배 아파.
저기서 나오는 돈이
얼만데….

야! 프랑스 왕위는 내 거거든.
빨리 내놔!

시끄러운 애송이
녀석...

이러한 상황이 못마땅했던 프랑스의 필리프 6세는
에드워드 3세가 선전포고를 하자 그 핑계로
귀엔 지방을 점령했다.

프랑스 왕위도
귀엔 지방도 다 내 거!

곧 후회하게 될 거다!

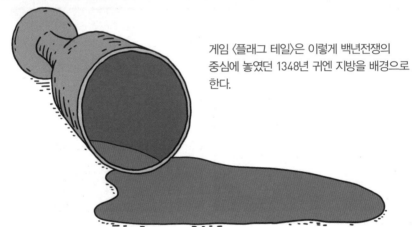

게임 〈플래그 테일〉은 이렇게 백년전쟁의
중심에 놓였던 1348년 귀엔 지방을 배경으로
한다.

어느 날, 이단 심문관들이 귀엔 지방의 귀족
드 룬 가에 쳐들어온다. 그들은 드 룬 부부를
살해하고, 아들 휴고를 찾는다. 누나 아미시아는
휴고를 데리고 영국군과 이단 심문관, 어마어마한
쥐 떼를 피해 달아난다. 기나긴 여정 속에서 점차
휴고의 비밀이 드러난다.

백년전쟁이 시작된 후 계속되는 패배로 프랑스 전역은 영국군의 약탈에 시달리고, 흑사병까지 창궐하며 비참한 상황에 빠진다.

© 플래그 테일: 이노센스

게임을 하는 동안 플레이어는 과장과 허구를 가미해 묘사한, 당시 프랑스에 펼쳐진 끔찍했던 참상을 간접적으로 경험할 수 있다.

© 플래그 테일: 이노센스

흑사병은 집쥐라 불리는 검은 쥐에 기생하는 쥐벼룩에 의해 감염된다. 게임에서는 흑사병의 상징으로 수많은 검은 쥐가 등장하는데, 이들을 이용해 퍼즐을 해결하는 것이 이 게임의 포인트다.

흑사병과 더불어 이 게임에서 주된 소재로 활용하고 있는 것은 연금술입니다.

베아트리스는 두문분출하며 아들의 병을 치료하기 위해 밤낮으로 연구하는 연금술사로 그려지며, 누나 아미시아는 휴고의 병 진행을 늦추는 약의 제조법이 적혀 있는 연금술 책 《피의 여정》을 구하려고 위험을 무릅쓴다.

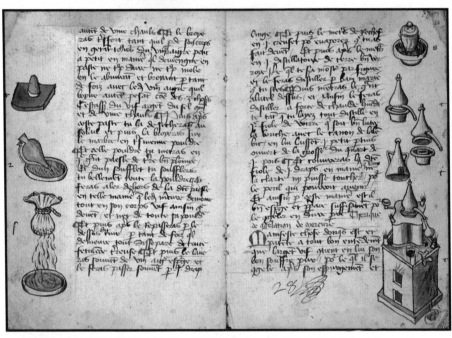

제조법과 과정을 설명하는 삽화가 수록된, 15세기에 제작된 연금술 책의 한 페이지. ⓒ Wellcome Trust

와인을 증류하면 불이 붙는 액체 물질이 생성된다. 이것이야말로 제5원소가 아닐까!

역사적으로도 14세기 서유럽의 연금술사들은 일련의 증류 과정을 거쳐 순도를 높여 가면 만병통치약이자 궁극의 물질인 제5원소, 즉 정수(quintessence)를 얻을 수 있다고 여겼다. 살레르노의학교 교수 살레르누스 (Magister Salernus)는 정수의 유력한 물질로 알코올을 언급했다.

320

알코올이 연금술사의 눈길을 끌었던 이유는 불타는 물이라는 역설적인 성질과 여기에 보관한 동식물은 쉽게 썩거나 부패하지 않는다는 사실 때문이었습니다.

이 게임에서는 연금술에서 증류하는 데 쓰는 도구를 볼 수 있는데, 연금술 문헌에서 묘사하는 연금술 도구는 대부분 상상에 기초해 그려지는 경우가 많았기 때문에 실제로 제작되어 쓰이는 경우는 흔치 않았던 것 같다.

© 플래그 테일: 이노센스

가세도야?

게임에서 보이는 거대한 증류기

그러나 연금술은 무엇보다 금, 은과 같은 귀금속을 만들어 내려는 목적에서 더 많이 행해졌고, 주목을 받았습니다.

중세 봉건제도에서 권력은 재산에서 나왔다.

공격하라~!

왕이라도 돈이 없으면 군대를 모을 수 없었다.

급료 먼저.

영국과 프랑스의 전쟁이 백 년 동안 지리멸렬하게 이어진 것도 두 왕가가 전쟁을 치를 돈이 부족했기 때문이다.

로또라도 해야 하나.

당연히 왕과 영주들은 금과 은을 만들 수 있다고 주장하는 연금술에 혹할 수밖에 없었습니다.

연금술사들은 화학반응을 이용해 금에 은이나 구리 같은 것을 섞어 금의 양을 늘렸습니다. 질은 떨어지지만 어쨌건 양이 늘었기 때문에 왕과 영주는 그들을 곁에 두었습니다.

우와~!

백년전쟁으로 돈이 쪼들렸던 영국 왕 헨리 6세와 헨리 7세도 국고를 늘리기 위해 연금술을 이용했다. 그들은 영국 주화의 가치를 떨어뜨리는 데 지대한 역할을 했다.

질보단 양이지!

백년전쟁이 불러온 정치· 경제적 위기는 연금술사의 지위를 향상시켰고, 연금술에 대한 관심을 높였습니다.

그러나 이를 매우 못마땅하게 바라보던 이들이 있었다.

바로 교회였다.

받아라! 신의 심판!

콰!

세속 권력이 강대해지는 것을 우려했던 교회 입장에서는 왕과 영주의 부를 늘려 주는 연금술사를 가만둘 수 없었다.

이런 망할 놈들을 봤나.

연금술을 행하는 자는 이단이다!

교회는 종교적 이유뿐 아니라 정치적 이유에서도 연금술사들을 사기꾼으로 몰았다. 14세기 초에 교황 요한 22세는 연금술사를 범죄자로 규정했고, 성직자들이 연금술에 손댈 경우 재산을 빼앗고 직위를 박탈한다는 칙서를 내리기도 했다.

비록 현대의 관점에서 연금술은 비합리적이며, 그 목적은 욕망에 맞닿아 있었다. 그러나 연금술사들은 적극적으로 자연에서 일어나는 현상을 탐험하며 지식에 새로운 가능성을 제시했다. 연금술은 믿음이 아닌 행동이었다.

게임에 등장하는 동료이자 연금술사인 루카스. 그는 적극적으로 자연을 탐구하는 초기 실험과학자의 모습을 하고 있다.

ⓒ 플래그 테일: 이노센스

〈플래그 테일〉은 출시 전부터 화면을 가득 메우는 징그러운 검은 쥐 떼로 게이머의 시선을 끌었습니다.

그러나 게임을 하는 동안 제 눈을 잡아 끈 것은 쥐가 아닌 책이었습니다.

비록 이 게임은 엄밀한 역사적 사실을 다루고 있지는 않지만, 중세를 배경으로 한 것치고는 유독 많은 책이 배경에 등장한다.

© 플래그 테일: 이노센스

이야기가 시작되는 드 룬 가를 비롯해 게임 곳곳에서 많은 책을 볼 수 있다. 게임의 배경인 14세기는 아직 인쇄술이 등장하기 전 필사본의 시대로 아무리 귀족이라도 이렇게 많은 책을 구할 수는 없었을 것이다.

중세 초기까지 정보는 입에서 입으로 전해졌다. 정보는 개인이나 길드와 같은 단체에 고여 있었다. 간혹 정보가 책으로 기록되었지만, 직접 손으로 사본을 제작해야 했기 때문에 필사본은 귀하고 드물었다.

그나마 수도사들의 문맹률이 낮았기 때문에 대부분의 필사본은 수도원에 보관되어 있었고, 수도사들은 지적 노동의 일환으로 필사본을 제작했습니다.

15세기에 제작된 필사본 기도서

그러나 12세기 말부터 대학이 등장하면서 정보와 지식 환경에 변화가 일어났습니다.

대학에는 책이 필요한 사람과 책을 읽고자 하는 사람들이 모여 있었다. 정보는 이제 수도원의 필사본에 고여 있지 않았고, 대학에서 공개되고 논의되며 교류되었다. 대학을 중심으로 책과 관련된 전문가들, 필경사들로 이루어진 길드가 형성되어 필사본을 빠르게 제작할 수 있게 되면서 책의 수가 증가하기 시작했다. 점차 필사본은 수도원이 아닌 대학에서 제작되었다.

14세기 파리대학교를 그린 1537년의 삽화

게임에서도 책은 중세에 불어오는 변화를 상징한다. 휴고가 앓고 있는 병을 위한 약 제조법은
어머니, 그리고 그녀와 함께 연구했던 늙은 연금술사의 죽음에도 사라지지 않았다. 제조법은
책에 기록되어 대학에 보관되어 있었다. 그 책을 찾기 위해 이단 심문관이 점령한 대학에
잠입하는 아미시아의 모습은 이러한 변화를 보여준다.

© 플래그 테일: 이노센스

게임에서 그려지는 대학은 많은 책을 이용해 환상적인 분위기를 자아내며 공간의 특성을 한층 강화했다.

게임에서 활약하는 등장인물은
모두 아이들입니다.

어른들은 무기력하며, 불합리하고 끔찍한
현실을 만들어 낸 존재일 뿐입니다.

아이들은 연금술을 통해
적극적으로 자연을 탐구하고,
책에서 직접 정보를 찾습니다.

아이들은 새로운 책의
세대입니다.

대학은 정보의 흐름에 변화를 일으켰다. 정보는 더 이상 개인에게 고여 있지 않게 되었다. 정보는 책에 차곡차곡 기록되고, 필사되었다.

높아져 가는 책에 대한 수요는 마침내 1450년 인쇄술로 분출되었다.

근세가 싹을 틔웠다.

초능력을 발휘하다

컨트롤

루이스 캐럴의 소설 《거울 나라의 앨리스》에서 하얀 여왕은 기억에 대해 이렇게 이야기합니다.

"기억은 양방향이에요. 이 나라 사람들은 다음 주에 일어났던 일을 가장 잘 기억하지요."

코넬대학교의 존경받는 심리학자이며 초능력에 큰 관심을 갖고 있는 대릴 벰(Daryl Bem)은 2010년에 《미래를 지각하다: 인지와 결과에 영향을 미치는 변칙적 소급에 대한 실험적 증거》라는 제목의 "이상한 나라의 논문"을 발표했다.

그 대사는 제게 아이디어를 주었습니다.

기억

그가 10년 동안 1000명이 넘는 참가자를 동원해 9개의 실험을 진행한 이 논문에서 주장한 것은 아직 일어나지 않은 미래의 사건이 현재의 우리 행동에 영향을 줄 수 있다는 것이었다.

영향

기억 → 결과

시간의 흐름

이를 위해 2개의 모니터 중 포르노 사진의 위치를 찾는 실험부터 나중에 선정한 단어를 앞선 기억력 테스트에서 더 많이 상기하는 경향이 있음을 밝히는 실험에 이르기까지 기존의 전통적인 심리학 실험을 역순으로 설계했다.

일반적인 인과관계를 뒤집는 논문이
다른 곳도 아닌 미국 심리학회가
발행하는 저명한 심리학 저널에 실리자
논란은 더욱 증폭되었다.

내 논문은 번번이
퇴짜를 놓더니!

이런 게 동료 심사를
통과했다고?! 심리학을
웃음거리로 만들
셈인가!

일부 연구자들이
재현 실험에 나서고,
다른 이들은 데이터 검증에
나서는 등 심리학계는
이 초능력 논문이
불러온 폭풍으로 몸살을
앓았다.

이처럼 현대에도 초능력에 대한
믿음과 관심은 여전합니다.

내 눈을 바라봐 넌 행복해지고~
내 눈을 바라봐 넌 건강해지고~

심지어 초능력을
가지고 있다고 주장하는
이도 있습니다.

둥둥~

저놈은 이번 마감을
지키지 못할 것이다!

둥둥둥

그러나 누구도
초능력이 실재하는 걸
증명하지 못했습니다.

대릴 벰의 연구가 그렇듯이, 찾고자 하는 의지가
없었던 게 아닙니다. 초능력 연구는 과학자들과
군과 정부 기관에 의해 끊임없이 진행되었습니다.

차원 붕괴!

미군 기록보관소에서는 초능력에 대한 과거의 기상천외한 군사 학술논문을 볼 수 있다는데요.

전쟁 전략에서 염력과 그 활용 가능성, 1985년.

"지속적인 연구로 염력을 효과적으로 활용할 수 있게 된다면 미래 군사 작전을 위한 잠재적인 군사적 가치를 가질 수 있으며..."

기계에서 초감각적 인지를 위한 시험, 1963년.

"명백하게 의미 있는 초능력 행위에 대한 보고가 증가하면서 초능력 가설의 테스트에서 가장 엄격한 실험적 기법을 사용하는 것이 더욱 중요해지고 있다..."

인간의 비시각적 지각에 관한 연구, 1996년.

"피부시각적 인지(dermo-optical perception)는 끊임없이 주의를 기울여서 어떤 것을 '볼 수 있는' 방법으로 지금까지 여성들에게서만 발견되었다. 그것이 가시광선인지 아니면 다른 대역의 에너지 스펙트럼에 의한 것인지는 여전히 명확하지 않으며..."

여자는 역시 무서운 능력을 가졌군요.

이러한 논문의 제목에서도 느낄 수 있듯이 냉전 시절, 소련과 미국의 극한 대립 속에서 상대에 대한 증오와 공포는 초능력이라는 미지의 힘에 대한 관심으로 이어졌고, 단순한 연구를 넘어 기이한 방향으로 증폭되었습니다.

그중에서도 미국의 MK-울트라 프로젝트와 스타 게이트 프로젝트는 그러한 시대상을 적나라하게 보여준 사건으로 기록되었습니다.

과연 우리는 소련과의 이념 전쟁이 얼마나 심각한 상황인지, 그들이 자행하고 있는 인간 정신에 대한 싸움이 얼마나 사악한지를 제대로 인식하고 있는지 의구심이 듭니다.

1953년부터 1973년까지 진행된 MK-울트라 프로젝트는 마인드 컨트롤에 관한 프로그램으로, 개인을 약하게 만들고 자백을 강요하기 위해 심문에 사용한 약물과 절차를 개발하기 위한 것이었다.

우리는 그것을 새로운 형태의 '뇌 전쟁'이라고 불러야 할 것입니다.

1953년 4월 10일, 프린스턴대학교 동문회에서 한 CIA 국장 앨런 덜레스(Allen Dulles)의 연설 중에서

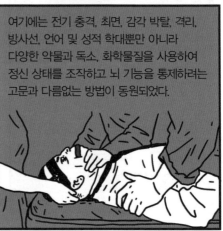

여기에는 전기 충격, 최면, 감각 박탈, 격리, 방사선, 언어 및 성적 학대뿐만 아니라 다양한 약물과 독소, 화학물질을 사용하여 정신 상태를 조작하고 뇌 기능을 통제하려는 고문과 다름없는 방법이 동원되었다.

독심술사는 매우 저렴한 레이더 시스템이 될 것입니다.

1970년대에 시작한 스타 게이트 프로젝트는 독심술사와 천리안(Remote Viewing)을 발굴·육성해 소련의 군사 및 국내 비밀 정보를 알아내기 위한 프로젝트였다.

이를 위해 초능력이 있다고 주장하는 남녀를 모집했으며, 당시 유명한 마술사 유리 겔라가 프로젝트에 참가해 캘리포니아 리버모어의 실험실에서 초능력으로 분류된 일련의 능력들에 대한 실험을 진행하며 조사를 이끌었다.

이렇게 선발된 인원은 1995년에 프로그램이 종료될 때까지, 인질 수색부터 범죄자의 경로 추적에 이르기까지 광범위한 작전에 참여했다.

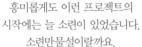

흥미롭게도 이런 프로젝트의 시작에는 늘 소련이 있었습니다. 소련만물설이랄까요.

우리나라 극우 세력과 사고방식이 비슷하죠.

MK-울트라 프로젝트는 소련이 강력한 세뇌와 심문 프로그램을 개발한다는 이유로, 스타 게이트 프로젝트는 소련이 미국을 염탐하기 위해 초능력과 염력을 연구한다는 이유로 시작되었다.

만약 소련만 이런 능력을 활용할 수 있다고 생각해 보세요. 정말 끔찍한 문제에 봉착할 것입니다.

공포에 기댄 냉전 시대의 이런 연구들은 그 과정에서 벌어진 불법적인 활동을 조직적으로 은폐함으로써 음모론까지 더해지며 독특한 시대적 분위기를 만들어 냈습니다.

이제 냉전 시대가 남긴 이러한 기묘하고 아픈 추억은 창작자의 훌륭한 재료로 쓰이고 있습니다. 폭스사의 TV 시리즈 〈엑스 파일〉을 비롯해 최근 넷플릭스의 〈기묘한 이야기〉 등은 이를 활용한 대표적인 작품들이라 할 수 있죠.

333

특히 〈기묘한 이야기〉는 MK-울트라 프로젝트와 스타 게이트 프로젝트 사건을 직설적으로 차용하고 있습니다.

정말 재밌어요!

2019년 8월에 발매한 게임 〈컨트롤〉 또한 미지의 현상과 존재를 은폐하고 비밀리에 연구하는 정부 조직 등 냉전 시대 특유의 분위기를 기막히게 잘 살린 작품이다.

초자연적 현상을 연구하는 연방통제국 (FBC)에 다른 차원의 존재가 침입해 본부 건물을 점령한다. 게임은 동생의 행방을 찾기 위해 연방통제국 건물에 들어선 누나의 기상천외한 액션 활극을 그리고 있다.

© 컨트롤

당신한테 얘기를 듣고 오디너리 변성 세계 사건 파일을 찾아봤어요.

◈ 국장 등급 제어장치
NSC 냉각 펌프 수리하기
유지관리 구역 / NSC 냉각 펌프

ⓒ 컨트롤

특히 게임이 펼쳐지는 연방통제국 건물인 올디스트 하우스의 내부 디자인은 매우 흥미롭다.

시공간이 뒤섞여 있는 이곳은 비밀스럽고 권위적인 국가 기관이라는 분위기에 맞게 단조롭고, 건조하고, 복잡하게 디자인되어 있는데요.

문제는 그러다 보니 길 찾기가 여간 곤혹스러운 게 아니라는 겁니다.

지도도 별로 도움이 안 되고.

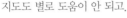

이야기의 전개는, 건물 내부의 연방통제국 직원들은 히스라는 파동 형태의 존재에 빙의되어 조종당하게 되고, 히스의 파동 잠식을 막는 헤드론 공명 증폭기 덕분에 생존한 일부 직원과 주인공은 내부의 존재인 폴라리스, 그리고 위원회의 도움으로… 복잡해서 저도 뭔 말인지 모르겠습니다.

문이 안 열리잖아. 그럼 대체 어디로 가야 하는 거야!

몇 시간째 길을 찾고 있는 거람!

어쨌든 원고의 소재는 뽑아냈으니 게임은 이쯤에서 그만하고…

스토리는 나무 위키를 참고하세요.

계속 흥미진진한 과학 얘기를 이어가 볼까요!

올디스트 하우스는 뉴욕의 도심에 위치한 거대한 건물인데도 사람들이 의식하지 않으면 그 존재를 자각할 수 없다고 설정하고 있습니다. 이런 올디스트 하우스의 현실 버전이 프린스턴대학교에 있었습니다.

세계 유수의 대학인 프린스턴대학교의 공과대 건물 지하에는 명성에 걸맞지 않은, 그래서 학교 관계자들은 애써 의식하고 싶지 않은 곳이 있었다. 바로 프린스턴공학적이상징후연구소(Princeton Engineering Anomalies Research laboratory, PEAR)다.

냉전 시대에 CIA가 비밀리에 운영했을 법한 이름의 이곳에서 연구한 것은 '인간 운영자의 의식의 비정상적 영향에 대한 엔지니어링 장치와 정보처리 시스템의 잠재적 취약성'이라고 합니다.

쉽게 얘기하자면… 마음의 힘으로 기계를 제어할 수 있는 능력에 대한 연구라는군요. 과연 연구실의 이름에 부합하는 연구 주제가 아닐 수 없군요. 멀더와 스컬리 요원이 나와 반겨 줄 것만 같습니다.

대체 누가 이런 연구실을 만들었을까요? 주류에서 쫓겨난, 나사 하나 풀린 듯한 괴짜 과학자?

처음에 소개한 초능력 애호가 대릴 벰 박사도 이상한 미친 과학자가 아닌 학술적 입지가 탄탄한 심리학자였듯이, 이 연구실을 설립한 이도 뛰어난 연구자였습니다.

그는 프린스턴 공대 학장을 역임했으며, 명예교수이자 제트 추진 분야의 세계 최고 전문가 중 한 명인 로버트 G. 잰이었다. 그는 실험실의 문을 열 때부터 함께한 발달심리학자 브렌다 던과 다수의 공동 연구를 진행하며 2007년까지 연구소를 운영했다.

로버트 G. 잰(Robert G. Jahn)

브렌다 던(Brenda Dunne)

어떻게 이런 연구실이 폐쇄되지 않고 30년 가까이 운영될 수 있었을까요?

내 실험실은 매년 풍전등화인데!

잰의 연구실은 대학이나 정부 자금이 아닌 돈 많은 친구의 기부금으로 유지되었다. 그는 이 연구실에 수년에 걸쳐 1000만 달러 이상을 기부했다고 한다. 그 밖에도 그의 연구에 관심을 가진 한 자선사업가도 정기적으로 연구비를 기부했다.

아하!

실험실 운영이 어렵다면 돈 많은 친구가 있지 않은가 생각해 봅시다.

이런 명성과 달리 보통의 저널들은 그의 논문을 검토조차 하지 않았고, 동료 연구자들은 평가를 거부했다.

당신이 내게 텔레파시로 논문을 보낸다면 고려해 보겠습니다.

잰의 실험실과 연구가 알려지면서 유럽과 아시아의 유명 인사들이 방문했으며, 그를 중심으로 초능력에 관심을 갖는 이들의 네트워크가 만들어졌다.

그들은 결국 주류 과학에서 다루지 않는 연구를 싣는 《과학탐구학회지(Journal of Scientific Exploration)》에 발표해 왔다. 잰과 던은 이 학회지의 관리자다.

우리는 28년 동안 할 만큼 했습니다. 그동안 우리가 생산한 결과를 믿지 않는다면, 당신들은 결국 무엇도 믿지 않겠다는 것이겠죠.

프린스턴공학적이상징후연구소는 로버트 잰의 은퇴와 함께 2007년에 문을 닫았다.

이에 대한 프린스턴의 공식적인 언급은 없었다.

《과학탐구학회지》가 궁금해서 홈페이지에 가보니 지금도 운영되고 있으며, 매년 4회 학회지가 발행되고 있군요. 2019년도 3분기, 4분기 학회지에 실린 논문의 제목만 살펴봐도 정말 흥미진진합니다!

Volume 33 Issue 3 (2019)
- 흡연자들은 세상을 어떻게 바꾸고, 세상은 어떻게 반응하는가: 중독성 자극에 관한 미세 염력적 관찰자 효과의 변동적 본질 실험
- 전자장비를 이용한 원격 탐사와 천리안을 이용했을 때의 비교를 포함한 이집트 마레아 지역의 비잔틴 구조물의 위치와 재구성

Volume 33 Issue 4 (2019)
- 사기꾼 속이기: 19년 간의 온라인 초능력 실험에서 예측된 순차 구조를 위한 증거
- 우리는 초능력에 대해 무엇을 알고 있을까? 스탠퍼드 연구소의 첫 10년간의 천리안 연구와 운용

전류 전쟁

디 오더 1886

1870년대 후반에 접어들면서
영국 런던에서도 전기 조명이
하나둘 켜지기 시작했다.

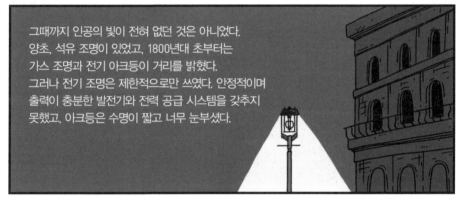

그때까지 인공의 빛이 전혀 없던 것은 아니었다.
양초, 석유 조명이 있었고, 1800년대 초부터는
가스 조명과 전기 아크등이 거리를 밝혔다.
그러나 전기 조명은 제한적으로만 쓰였다. 안정적이며
출력이 충분한 발전기와 전력 공급 시스템을 갖추지
못했고, 아크등은 수명이 짧고 너무 눈부셨다.

19세기의 끝자락에서 전기공학자와 발명가들은
앞으로 펼쳐질 전기의 시대에서 주도권을 차지하기
위한 경주를 거듭하고 있었다.

2015년 초에 발매한 플레이스테이션 4의 게임 〈디 오더 1886〉은 산업혁명이 낳은 도시의 환경오염과 빈부 격차, 그리고 이처럼 전기의 시대 문턱에 서 있던 1880년대의 영국 런던을 배경으로 한다.

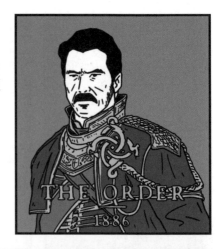

1880년대 런던의 분위기를 잘 구현했지만, 아쉽게도 오픈 월드가 아니다.

게임은 늑대인간, 흡혈귀와 같은 혼종에 대항해 싸우는 영국 왕실 기사단(오더)과 정치적 음모를 그리고 있다.

〈디 오더〉는 요즘 게임과 비교해도 손색이 없는 그래픽, 훌륭한 디자인과 음악에도 불구하고 쓰디쓴 혹평이 쏟아졌습니다.

자유도를 전혀 찾아볼 수 없는 진행 방식과 5~8시간 정도면 엔딩을 볼 수 있는 적은 볼륨, 단순한 적의 AI 등 게임의 측면에서 완성도는 게이머들의 공분을 샀습니다.

© 디 오더 1886

공격 패턴이 한 가지뿐이고 같은 경로로만 움직이는 늑대인간과의 전투는 매우 실망스럽다.

〈디 오더〉는 마치 영화를 부분부분 나누어 그 사이를 애써 게임으로 연결해 놓은 듯한 느낌입니다.

차라리 〈디 오더〉를 1시간 30분짜리 애니메이션으로 만들었으면 찬사를 받지 않았을까 싶습니다.

비록 〈디 오더〉는 게임이라는 측면에서 아쉬움을
주지만, 그냥 외면하기에는 매력적인 부분이 많은
작품이다. 특히 훌륭한 그래픽과 멋진 디자인들로
구현된 스팀펑크(steampunk)와 대체역사
장르에 기반한 세계관은 무척이나 흥미롭다.

흥을 보긴 했지만, 사실 저는
이 게임을 재미있게 했습니다.

게임은 제목 그대로 1886년의 런던을 배경으로 하지만 무기와 같은 세부적인 부분에서
오버 테크놀로지를 엿볼 수 있다. 로봇이나 기상천외한 첨단 기기가 마구잡이로 등장하지 않고,
시대를 충실히 반영하면서 작은 변화를 주었다.

알겠다, 센티널 5. 위치에서 지시를 위해 대기하라.

ⓒ 디 오더 1886

어깨 위에 찬 무전기. 게임에서는 이미 무선통신기술을 사용하고 있지만, 당시에는 무선통신이 쓰이기는커녕
도심에 수많은 전선이 거미줄같이 얽혀 있었다.

이런 측면에서 가장 눈에 띄는 건 게임에서
오더를 위해 첨단 장비를 제작하는 인물로
등장하는 테슬라입니다. 실제 역사에서
테슬라는 전기공학자로서 1880년대에
전류 공급 방식을 놓고 직류를 주장한
에디슨에 대항했던 교류의 수호자로
그려지는 인물입니다.

니콜라 테슬라
(Nikola Tesla)

웨스트민스터 공동묘지 지하에 있는 테슬라와 그의 작업실. 발전기를 비롯해 여러 전기 기기로 가득 차 있다.

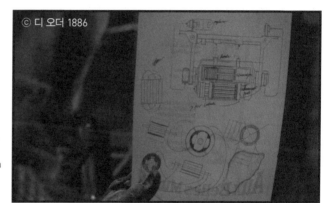

실제 테슬라의 첫 발명품이며, 특허로 큰돈을 안겨 준 교류 유도전동기(AC induction motor)의 아이디어 스케치로 보이는 낙서

게임에서도 테슬라는 에디슨과 라이벌로 그려지고 있다. 전단지에서는 교류 전쟁의 테슬라와 에디슨이 런던 수정궁에 온다고 선전하고 있다.

게임이 대체역사를 취하고 있다면,
그럼 실제 역사는 어땠을까요? '실제'를 알아야
'대체'를 즐길 수 있지 않을까요?

에디슨과 테슬라, 그리고
전류 전쟁이란 무엇일까요?

런던의 지하 실험실에서 마음껏 능력을
펼치는 게임 속 테슬라와는 달리, 역사 속
1886년의 테슬라는 영국 런던이 아닌
미국 맨해튼에서 인생의 가장 암울한
시기를 보내고 있었다.

테슬라는 프로젝트를 성공하면 후한
성과급을 준다는 말을 두 번이나
뒤집은 에디슨에 분노해 그의 회사를
그만두고 막노동판을 전전하고 있었다.

당시 에디슨의 재력과 명성에 비한다면
테슬라는 한낱 퇴사한 세르비아계
이주 노동자일 뿐이었다. 테슬라는
에디슨에게 대적할 위치에 있지 못했으며,
에디슨의 직류에 맞선 교류의 수호자도
아니었다.

망할 에디슨! 다시는
상종하지 않을 테다!

무언가를 이용해 가정이나 공장에 들어가는 전압을 낮출 수만 있다면, 고전압 교류를 이용해 먼 거리로 전기를 전달할 수 있을 것 같은데.

조지 웨스팅하우스

1880년대 후반 직류와 교류 방식을 놓고 벌어진 갈등을 일컫는 이른바 '전류 전쟁(War of Currents)'에서 에디슨의 직류 시스템과 경쟁했던 이는 테슬라가 아닌 조지 웨스팅하우스 (George Westinghouse)였다. 사업가이자 발명가로서 웨스팅하우스는 재력이나 지위, 추진력 등에서 충분히 에디슨의 맞수가 될 만한 사람이었다.

내가 당신의 특허를 사겠소!

웨스팅하우스를 비롯해 교류에 대해 이미 알고 있는 사람들이 있었지만 실용화를 가로막는 문제들이 있었다. 테슬라는 이러한 문제를 해결하는 교류 공급을 위한 통합 시스템을 고안함으로써 직류의 가능한 대안으로 만들었다. 웨스팅하우스는 테슬라의 기술을 이용해 전기 사업에 더욱 박차를 가했다.

초창기에는 전기 공급 방식에서 직류와 교류 중 무엇이 더 나은지는 모호했지만, 무엇이 더 위험한지는 명확했습니다.

전지를 이용한 낮은 전압의 직류와 달리 1880년대부터 옥외 아크등에 전력을 공급하기 위해 발전소에서 송출하는 높은 교류 전압은 종종 사망 사고를 초래했다.

이에 따라 에디슨은 낮은 전압의
직류 방식을 선택하며 고객의 안전성을
내세웠다.

웨스팅하우스의 교류 시스템은 고객을
죽일 것입니다. 교류는 결코 위험으로부터
자유롭지 못합니다. 그러나 직류는 사람이
충격을 받더라도 죽음에까지 이르진 않습니다.

에디슨

1889년 10월 11일 웨스트유니언의 선로공이
교류에 의해 사망한 사건을 그린 삽화.

에디슨의 직류 방식은 거리가 멀어질수록 에너지 손실이 급격히 커지고, 전류량을 증가시키기
위해서는 더 두꺼운 전선을 이용해야 했기 때문에 값비싼 구리가 많이 필요했다.
에디슨 시스템은 발전소에서 약 1킬로미터의 반경 안에서만 효율적이고 경제적이었다.
이는 도시에 전력을 공급하기 위해서는 도시 곳곳에 수많은 발전소를, 건물마다
더 많은 발전기를 설치해야 한다는 것을 의미했다.

사장님. 우리도 교류를
고려해 보는 게 어떨지….

쓸데없는 소리 마시오!

고집스레 직류 시스템을 구축한 에디슨은
사업을 위해서 교류 방식을 어떻게든 제압해야
했다. 이를 위해 그가 초점을 맞춘 것은
바로 교류의 위험성이었다.

때마침 갑자기 무명의 공학자이자 전기 자문가였던 해럴드 P. 브라운(Harold P. Brown)이 등장해 에디슨의 대변인처럼 웨스팅하우스의 교류 시스템을 공격하기 시작했다.

안전보다는 돈을 더 중요하게 여기는 몇몇 회사들이 교류를 채택했습니다. 그들은 더 큰 이익을 챙기기 위해 일반인들을 갑작스러운 죽음의 위험으로 내몰았습니다!

그는 교류의 높은 전압이 얼마나 위험한지를 보여주기 위해 수많은 동물을 대상으로 전기충격 실험을 했으며, 사형 집행 방식으로 웨스턴하우스의 교류 전기를 사용하도록 로비를 벌였다.

에디슨의 연구실에서 말을 대상으로 교류 전기의 치명성을 입증하는 브라운. 이 그림은 1888년 12월 22일 발행한 《사이언티픽 아메리칸》에 실린 삽화다.

1890년 8월 6일에 웨스팅하우스의
교류 시스템을 이용한 전기의자에서
정부를 살해한 윌리엄 케믈러의
사형 집행이 이루어졌다. 결과는 에디슨
측의 기대대로 되지 않았다. 17초간
1000볼트의 교류 전기를 흘려보냈는데도
케믈러는 죽지 않았고, 서둘러 발전기를
재충전해 2000 볼트의 전기를 다시
수초간 가했다. 간결하고 빠른 죽음을
위해 도입한 전기의자에서 오히려
길고 끔찍한 고통의 광경이 펼쳐지고
말았다. 사형 집행에 걸린 시간은 무려
8분이나 되었다.

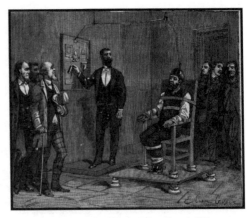

케믈러의 사형 집행을 묘사한 프랑스의 삽화

전극을 잘못된 곳에 붙였군요. 전부 의사들의
서투른 솜씨 때문입니다.

매우 야만적인 처사였습니다.
그들은 도끼를 사용하는 게
훨씬 좋았을 것입니다.

테슬라 또한 수십 년이 지난 후에도 전기의자를
혐오했다.

그것은 말 그대로
살아서 구워지는
것입니다.

비록 브라운에게 직접 지시하지는
않았지만, 에디슨은 분명
웨스팅하우스를 공격하는 그의 끔찍한
실험들에 암묵적인 동의와 지지를
보냈다. 전기공학계는 에디슨이 사익을
위해 동종 업계의 명예를 훼손한다고
분개했다. 그의 명성에 점차 금이 가기
시작했다.

게임에 등장하는 아크유도랜스

〈디 오더〉에서 테슬라가 개발한 무기 중에
강한 전기를 방출해 적을 공격하는
아크유도랜스라는 것이 있습니다.

만약 에디슨이 개발했다면 이 무기에
교류살육자라고 이름 붙이지 않았을까요?

참혹하고 무시무시한
교류의 맛을 보여주마!

끼이이잉— 콰지지지직—

과학기술

인공지능 로봇을 위한
모래 놀이터

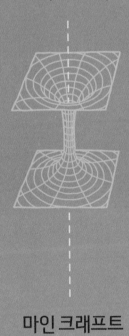

마인 크래프트

로봇이 인류를 지배하는 로봇공학의
장밋빛 미래.

우와~! 멋있다!

하지만 세계 정복까지는 아직 까마득할 뿐이다.

위이이잉ㅡ

지금 우리가 로봇에게 기대하는 역할 중 하나는 인간이 접근하지 못하는 공간이나 상황에서 임무를 수행하는 것이다.

위이이잉

위이잉ㅡ

위잉위잉

탁!

탁!

탁!

탁!

그러나 2011년 후쿠시마 원전 사고에서 기대를 모았던 로봇의 활약은 사람들의 기대에 미치지 못했다.

그 충격으로 미 국방성 산하 방위고등연구계획국 다르파(Defense Advanced Research Projects Agency, DARPA)는 재난 지역에서 활약할 수 있는 로봇 개발에 박차를 가하기 위해 로보틱스 챌린지라는 대회를 개최했나.

아래의 8개 과제를 모두 수행할 수 있는 로봇을 개발하시오.

미쳤소! 지금 수준에서 저런 걸….

두둑한 개발비 지원, 프로그램만 가능하다면 로봇 지원, 어마어마한 상금.

당장 참여하겠습니다.

이렇게 2012년부터 2015년까지 3년에 걸쳐 전 세계의 내로라하는 로봇공학자들의 피와 땀, 그리고 눈물이 서린 경쟁이 펼쳐졌다.

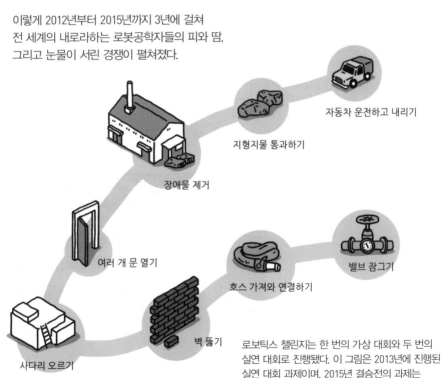

자동차 운전하고 내리기

지형지물 통과하기

장애물 제거

여러 개 문 열기

밸브 잠그기

호스 가져와 연결하기

벽 뚫기

사다리 오르기

로보틱스 챌린지는 한 번의 가상 대회와 두 번의 실연 대회로 진행됐다. 이 그림은 2013년에 진행된 실연 대회 과제이며, 2015년 결승전의 과제는 조금 변경되었다. 그림은 다르파의 것을 참조했다.

357

이 대회에는 100개가 넘는 팀이 참여했다. 최종 결선에는 25개의 팀이 진출했고, 그중 3개 팀만이 8개 과제를 모두 수행할 수 있었다.

그중 한국 카이스트의 로봇 휴보(HUBO)는 8개의 과제를 44분 28초 만에 성공하여 우승을 차지했다.

내가 무릎을 꿇은 것은 추진력을 얻기 위함이지!

휴보는 평지에서 무릎 꿇은 자세로 변신해 멋을 포기하고 속도를 택했다.

콰앙

이처럼…

358

우리의 지배를 받겠는가, 아니면 거름이 되어 대지를 비옥하게 만들겠는가.

이런 로봇을 만들려면 얼마나 어려운지를 조금이나마 짐작할 수 있겠죠?

대회에서 보듯이 우리는 운전하고, 문을 열고, 도구를 조작하는 등 다양한 임무를 해결할 수 있는 만능 로봇을 원한다. 흥미롭게도 대회 주최 측에서 요구하지 않았는데도 참가 팀들은 이러한 만능 로봇의 형태로서 자연스레 인간형을 선택했다.

로보틱스 챌린지에 참여한 미국 항공우주국(NASA) 존슨우주센터(JSC)의 로봇 발키리는 모든 종목에서 0점을 받아 체면을 구겼다.

만능 로봇이 넘어야 할 산은 비단 인간의 움직임 구현에만 국한되지 않습니다.

만능 로봇과 인공지능이 결합하면 또 다른 커다란 문제가 눈앞에 등장합니다.

인간은 주어진 과제와 관련 없는 것을 직관적으로 판단하여 무시한다. 예를 들어, 사람은
쓰레기통을 비우라는 지시에 오븐을 켜거나 냉장고를 열지 않는다.

반면, 로봇은 그런 판단을 하지 못한다. 만능 로봇은 놓여진 공간에서 자신이 수행할 수 있는
모든 행동 목록을 읽는다. 그는 청소나 요리 같은 임무가 주어질 때마다 그 목록 전체를
하나하나 검토할 것이며, 그래서 쓰레기통을 비우라는 지시에 오븐을 켜거나 냉장고를
열 것이다.

만약 만능 로봇이 매우 복잡한 환경에
놓여 행동 가능 목록이 무한대가 되면,

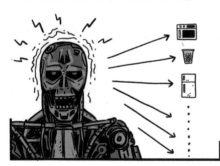

시스템은 폭발하고 말 것이다. 이를
상태공간 폭발(state-space explosion)이라고
한다.

이건 현재 인공지능에서
매우 골치 아픈 문제 중 하나입니다.

이를 방지하기 위해 능력을
제한한다면 그 로봇은 제한적인 부분에서만
활용할 수 있습니다.

미국 브라운대학교 컴퓨터공학 조교수
스테파니 텔렉스(Stefanie Tellex)

기껏 만능 로봇을 만들어서
쓰레기통 담당으로만 쓰겠죠.

복종하라~!

왜 나만 갖고 그래!

우리가 2015년에 발표한 연구는 이처럼 로봇의 능력을
제한하지 않으면서도 어떤 상황에서도 유연하게 대처할 수
있는 알고리즘을 개발하고자 한 것입니다.

알고리즘에 대해
간단히 소개하자면,

일반적으로 로봇의 순차적인 의사 결정 문제에는 마르코프 결정 프로세스(Markov Decision Process, MDP)를 표준 설계 모델로 이용합니다.

그러나 MDP는 다변화하는 공간과 임무에 대해 상태공간 폭발이라는 문제를 갖고 있기 때문에 객체 지향 마르코프 결정 프로세스(Object Oriented Markov Decision Process, OO-MDP)에,

우리가 개발한 목표 기반 선결 행동(Goal-Based Action Priors)에 관한 알고리즘을 추가했습니다. 이는 상태공간에서 행동과 사물을 객체화하여 주어진 임무를 어쩌구 저쩌구…

전혀 간단하지 않잖아요!

원시적인 알고리즘이군. 시시해.

우린 이런 원리의 알고리즘을 개발하여 로봇에 적용한 후 마인크래프트에서 테스트했습니다.

마인크래프트?! 깨고 부수고 짓고 하는… 우리 딸이 즐겨 하는 그 게임이요?

362

〈마인크래프트〉는 전 세계적으로 폭발적인 인기를 누리고 있는 샌드박스(Sand Box) 게임이다. 샌드박스란 글자 그대로 모래 놀이처럼 마음대로 짓고 부수며 놀 수 있다는 뜻이다. 샌드박스 게임에서는 '목표'만 주어질 뿐 그 목표를 해결하는 순서나 방식은 주어지지 않으며, 유저 스스로 자유롭게 만들어 나간다.

마인크래프트는 이러한 로봇 문제를 테스트하는 데 매우 이상적인 공간입니다.

이 게임에는 다양한 행동이 가능한, 엄청나게 넓은 공간이 있습니다. 여기서는 실제 세계에서보다 훨씬 더 많은 행동을 손쉽게 시험하고, 데이터를 수집할 수 있습니다. 그리고 게임이 무척 저렴합니다.

연구 방식은 먼저 작은 공간을 만들어 다리를 건설하거나 금광을 캐는 등의 간단한 임무를 지시하고 로봇은 이를 해결하는 것이었다.

그 과정에서 로봇은 주어진 목표를 위한 최적의 행동이나 선결 행동을 위해 여러 가지
가능성을 시도하면서 알고리즘을 강화하는 방식으로 연구를 진행했다.

테스트의 예

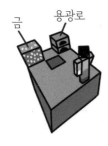

금을 채취하여
용광로에서 녹이기

용암을 피해 땅을
파서 금을 캐기

용암을 피해
목적지에 도착하기

*출처: Abel, David, et al, "Goal-based action priors," Twenty-Fifth International Conference on Automated Planning and Scheduling, 2015.

이렇게 강화된 알고리즘으로 무장된 로봇은
낯선 장소에서의 임무에서도 기존 로봇보다
훨씬 더 빠르게 문제를 해결했습니다.

우리는 로봇이 마인크래프트 세계 전체에서
어떤 임무든 수행할 수 있다면, 현실에서도
훌륭하게 적용될 수 있을 것으로 생각합니다.

상태공간 폭발.

펑

구체적으로 목표와 방법을
지시해 달라고!

하지만 난 마인크래프트가 재미없다.

2015년에 막을 내린 로보딕스 대회 다음으로 다르피는 지하에서 발생한 재난 상황을 가정해 임무를 수행하는 서브T 챌린지(SubTerranean Challenge)를 개최해 2018부터 2021년까지 진행하고 있다.

생물을 닮은 로봇

호라이즌 제로 던

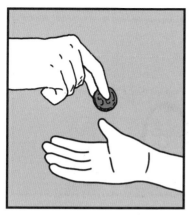

외출하시던 엄마는 내게 돈을 쥐여주며 당부했다.

나갔다 올 테니 이 돈으로 점심에 짜장면 사 먹어.

응~

꾸벅

하지만 중국집으로 향하는 길 중간에 떡하니 자리 잡고 있던 문방구 앞을 그냥 지나치기란 어린 나로서는 불가능한 일이었다.

태양 문방구

진열대에 빼곡히 놓여 있는 각양각색의 멋들어진 프라모델 박스는 초등학생의 이성을 먼 우주로 날려 버렸다.

우와~

난 한두 시간 후면 몰아칠 배고픔과 엄마의 분노를 망각하고 수백 년 후에나 맞이할 우주 세기의 차세대 주력 무기를 미니어처로 구현한 인간형 로봇 프라모델을 선택하는 우를 범하고 말았다.

대체 세상 물정 모르는 초등학생마저도 음식을 포기하게 하는 메카닉(mechanic)에 대한 집착의 근원은 무엇일까요?

정말 SF 작품에서 등장하듯 우리 문명 이전에 초고대 문명이 존재했고, 그런 향수가 우리의 유전자에 뿌리박혀 메카닉에 본능적으로 끌리는 걸까요?

게릴라 게임스는 투자한 시간과 노력에 비해 게임의 완성도는 그리 좋은 평을 받지 못했던 제작사였다.

그러나 개발 초기부터 큰 주목을 받았던 플레이스테이션 4 게임 〈호라이즌 제로 던〉을 2017년 초에 출시하며 그들은 마침내 커다란 성공을 이루었다.

이 게임은 출시 후 2주 동안 패키지와 디지털 다운로드를 합산하여 총 260만 개의 판매량을 기록했다.

〈호라이즌 제로 던〉

〈호라이즌 제로 던〉의 성공 뒤에는 바로 이러한 근원을 알 수 없는 메카닉에 대한 인류의 강한 열망이 존재했습니다.

복잡한 기계장치들이 덕지덕지 붙어 있는 육중한 기계 생명체를 사냥하는 이 게임은 메카닉과 사냥이라는 두 마리 토끼를 성공적으로 붙잡았다.

특히 총이 아닌 활과 창, 로프 등의 원시 도구를 사용해서 기계생명체를 사냥한다는 점은 더 큰 매력으로 다가왔다.

이는 화려한 외형의 로봇과 총싸움하는 것과는 또 다른 더 원초적인 맛을 선사했다.

〈호라이즌 제로 던〉은 현대 문명이 종말을 맞이한 먼 미래, 원시 상태로 돌아간 대자연 속에서 기계생명체와 유기생명체가 사이좋게 뛰노는 지구를 배경으로 한다.

그곳에서 원시 부족 출신 주인공 에일로이는 출생의 비밀과 지구의 운명을 건 한 판 대결을 벌인다.

그럼 게임에서처럼 현재 전 세계 로봇 연구실에 있는 생물형 로봇들이 자연에 서식한다고 가정한다면, 우린 어떤 기계생명체를 볼 수 있을까요?

쿠콰콰

먼저 초원에서는 머리가 없는 로봇 노새가 거닐 것이다.

참 소박하게 생겼네….

튀뚱
튀뚱

이 로봇은 미 국방성 산하의 방위고등연구계획국과 보스턴 다이내믹스사가 2년 반 동안 3200만 달러를 투자해 제작했다. 훗날 해병대 전술 운용을 위해 180kg 이상의 무게를 지고 험한 지형을 행군하며 언어와 시각적 명령을 수행할 수 있는 기능을 추가하기 위해 1000만 달러의 개발비를 더 투입했다.

그러나 은밀한 작전 수행을 지원하기에는 로봇의 소음이 너무 컸고, 작전 중에 수리하기가 쉽지 않았다. 소음을 없애기 위해 더 작은 모델인 '스팟(Spot)'을 개발했지만 프레임이 얇아서 고작 18kg 정도의 무게만 들 수 있었다. 결국 로봇 노새는 개발이 중단되었다.

동굴에서는 박쥐 로봇이 날아다닐 것이다.

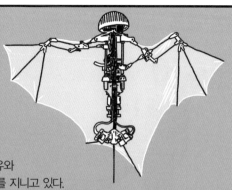

2017년 2월에 발표한 박쥐 로봇은 탄소섬유와
플라스틱, 초박형 실리콘으로 구현된 날개를 지니고 있다.
곤충의 날개는 관절이 없는 단순한 구조이지만,
박쥐는 40개 이상의 관절로 이루어진 정교한 날개를
가지고 있다. 그 덕분에 민첩한 비행이 가능하여
재빠르게 움직이는 곤충을 사냥할 수 있다.

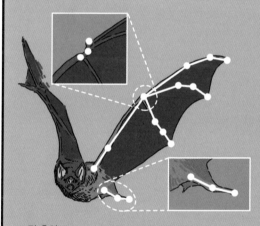

지금까지의 박쥐 로봇은 실제
골격과 해부학적으로 비슷하게
구현하려고 노력하다 보니
날기에는 너무 부피가 큰 로봇이
만들어졌다. 이번 연구자들은
박쥐 날개의 퍼덕임에서 핵심 요소인
어깨, 팔꿈치 및 손목 관절, 허벅지의
좌우 대칭 등을 파악하고
이 부분만을 응용했다.

* 그림 출처: Ramezani, Alireza, Soon-Jo Chung, and
Seth Hutchinson. "A biomimetic robotic platform to
study flight specializations of bats." *Science Robotics*
2.3 (2017): eaal2505.

특히, 회전날개로 비행하는 드론은
커다란 소음이 발생하지만, 박쥐 로봇은
조용한 비행이 가능합니다.

캘리포니아 공과대학교의 로봇공학 엔지니어이자
공동 저자 정순조

나무 위에서는 원숭이 로봇 '살토(Salto)'가 뛰어다닐 것이다.

갈라고 원숭이

15cm

0.58초 만에 1미터 떨어진 지점까지 뛸 수 있는 이 로봇은 갈라고 원숭이의 점프 능력을 모방했다. 갈라고 원숭이는 다리를 움츠리면서 근육에 탄성에너지를 저장해, 근육만으로 생성하는 에너지보다 더 큰 수준의 에너지를 방출하며 점프한다.

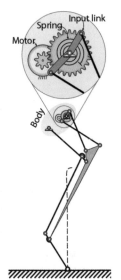

Spring　Input link
Motor
Body

살토는 갈라고 원숭이처럼 다리를 움츠릴 때 모터에 연결된 스프링이 감기며 에너지를 저장한 후, 다리를 펼칠 때 스프링에 저장된 에너지를 방출한다.

이 로봇의 특징은 매우 빠르게 연속 점프가 가능하다는 점입니다.

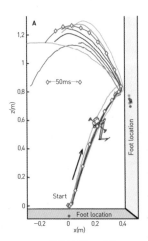

A

1.2

1

←50ms→

0.8

z(m)

0.6

0.4

0.2

Foot location

Start

0

Foot location

-0.2　0　0.2　0.4

x(m)

살토의 점프 궤적

*출처: Haldane, Duncan W., et al. "Robotic vertical jumping agility via series-elastic power modulation." *Science Robotics* 1.1 (2016): eaag2048.

연못에는 소금쟁이 로봇이 떠 있을 것이다.

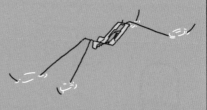

조규진, 김호영 서울대 기계항공공학부 교수팀과
로버트 우드 미국 하버드대학교 교수팀이
공동으로 개발해 2015년에 발표한
소금쟁이 로봇은 2센티미터의 몸통에
긴 네 다리를 지녔으며 무게는 68밀리그램이다.

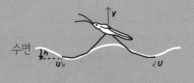

실제 소금쟁이가 그러하듯 수면에서 점프하기 위해서는 표면장력을 넘어서지 않는
한도 내에서 빠르고 강한 힘이 필요하다.

중앙점 액추에이터

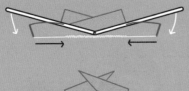

수많은 시행착오 끝에 연구팀은 수면에서
점프하는 가장 최선의 방법은 점프 동작
중에 가능한 한 오랫동안 수면과 다리의
접촉을 유지하는 것임을 발견했다. 이러한
메커니즘을 모방해 개발한 소금쟁이 로봇은
수면에 빠지지 않고 체중의 최대 16배까지
힘을 가할 수 있으며, 몸 길이의 7배까지
점프할 수 있다. 이를 위해 형상기억합금을
이용했고, 다리에 초경량 구동 장치를
장착해 다리의 힘이 물의 표면장력보다
작아지도록 조절했다.

–로봇 소금쟁이의 점프 메커니즘
액추에이터가 중앙점 위에 있을 때는 위로 당기는 힘이
작용한다. 그러나 중앙점 밑으로 내려가면 밑으로 당기는
힘으로 전환되고, 특이 시점을 지나는 순간 액추에이터에
저장된 에너지가 아래 방향으로 즉시 방출된다.

* 출처: Koh, Je-Sung, et al. "Jumping on water: Surface tension-dominated
jumping of water striders and robotic insects." *Science* 349.6247(2015): 517–521.

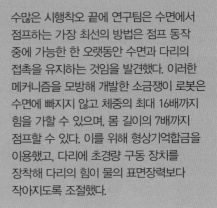

아빠!

근데 짜장면 사 먹을 돈으로 장난감 사고 나서 어떻게 됐어?

그게 말이지...

너 이 장난감 어디서 났어?

그러니까…

빨리 핑계를 생각해 내야 해!

중국집 아저씨가 짜장면값 깎아 줘서 남은 돈으로 샀어요.

그때를 생각하면 지금도 볼기짝이 아려 온다.

상상력을 접다

테어어웨이: 언폴디드

한 가지 문제에 집착할수록 생각과 시야는 좁아지게 마련이다.

이럴 때는 문제에서 한 발짝 떨어져서 바라보는 것이 좋다.

시야가 넓어지면 문제를 다른 각도에서 살펴볼 수 있다.

익숙한 곳을 벗어나 낯선 장소에 머무를 때 좋은 아이디어가 곧잘 떠오르는 것도 이러한 이유에서다.

그래서 사람들은 낯선 곳으로 여행을 떠나거나 책과 영화, 전시회를 찾아보고, 운동이나 산책을 함으로써 긴장을 풀고 다양한 시각과 신선한 자극을 받고자 한다.

여기에 게임을 추가해도 좋다.

기발한 상상력으로 구현된 게임은 여행이나 전시회를 관람하는 것만큼이나 색다른 경험과 자극을 선사합니다.

재미를 위해 게임을 하지만, 저는 아이디어를 얻기 위해 게임을 할 때도 많습니다.

2013년에 플레이스테이션 VITA로 출시되었고, 그 후 플레이스테이션 4로도 출시된 〈테어어웨이〉는 이러한 게임의 좋은 예다. 종이 공작으로 구현된 테어어웨이의 세계는 기발한 상상력과 아이디어로 가득 차 있다.

단순히 종이로 만들어진 세계가 아니라, 종이 공작으로 구현된 사물이 접히고, 펴지고, 휘어지며 살아 움직이는 세계는 사실적인 그래픽으로 구현된 게임에서는 느낄 수 없는 색다른 느낌과 자극을 준다.

© 테어어웨이: 언폴디드

예술가들만 창의력이 절실한 것은 아닙니다. 새로운 해결책을 찾아야 하는 과학기술계에도 창의력은 중요합니다.

게임 개발자들이 종이 공작에서 테어어웨이에 대한 영감을 얻었듯이, 과학기술계도 종이 공작에서 문제 해결을 위한 새로운 시각을 얻었다.

낙서하지 마세요!

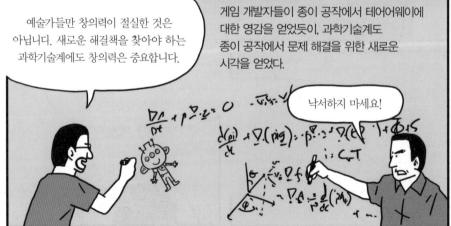

큰 물체를 작은 공간 안에 접어 넣고, 꺼내면 다시 원래 상태로 펼쳐지는 구조는 휴대용 물건을 만들 때 유용하다.

하지만 그러한 구조를 구현하는 건 생각만큼 간단하지 않다.

접는 방식이 너무 복잡하면 접히는 부분에서 오류가 일어날 가능성이 높다. 작고 편하게 접히면서 구조는 단순해야 한다.

어떻게 다시 접지?

일본의 천체물리학자 미우라 고료도 이러한 문제에 봉착했다.

어라~ 어떻게 접지?

로켓과 인공위성은 우주에서 태양에너지를 이용한다. 이를 위해서는 태양전지 패널을 장착해야 하지만 그것을 펼친 채로 발사할 수는 없다. 되도록 많이 접어 크기를 줄여 로켓에 실어 보내고, 우주에서는 인간의 도움 없이 빠르게 펼쳐져야 한다. 지구로 복귀할 때는 다시 원래대로 접혀야 한다.

평소에 오리가미(종이접기)에 큰 관심을 갖고 있었던 미우라는 자신이 개발한 미우라 접기 (Miura-ori)가 우주선의 태양전지 패널을 접는 효율적인 방법임을 입증했고, 1995년 일본은 미우라 접기를 적용한 SFU를 쏘아 올렸다.

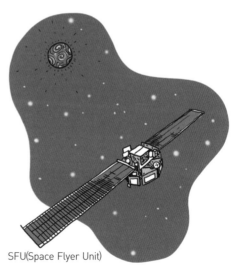

SFU(Space Flyer Unit)

379

미우라 접기의 특징은 양쪽을 잡고 당기기만 하면 쉽게 펼쳐지며, 옆에서 밀면 상단과 하단이 수축하며 접힌다는 것이다. 이러한 성질은 자연에선 찾아보기 힘들다. 미우라 접기는 다각도로 연구되어 여러 분야에서 활용되고 있다.

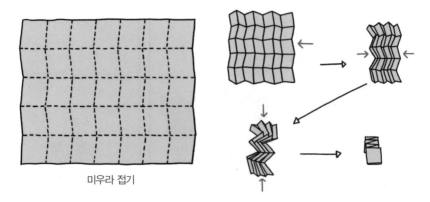

미우라 접기

* 출처: Nishiyama, Yutaka. "Miura folding: Applying origami to space exploration." *International Journal of Pure and Applied Mathematics* 79.2(2012): 269–279.

학이나 개구리를 접는 아이들 놀이로 생각하던 오리가미는 첨단 기술의 최전선인 항공우주 분야에서 해결책을 제시해 주었다.

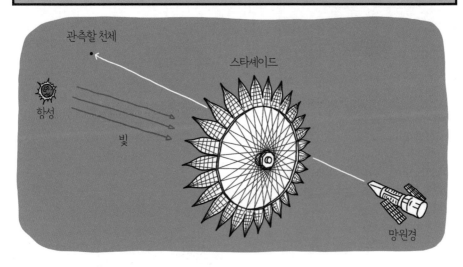

우주에서 주변 항성의 불필요한 빛을 가려 작고 어두운 천체의 관측을 돕기 위해 나사의 제트추진연구소에서 개발한 해바라기 모양의 스타셰이드(Starshade).

우주에서 최대 지름 26미터까지 펼쳐지는 스타셰이드는 일명 아이리스 폴딩 패턴이라는 방식으로 접혀 2020년 중반에 광각적외선탐사 망원경(Wide Field Infrared Survey Telescope, WFIRST)과 함께 실려 발사될 예정이었으나, 예산 문제로 중단되었다.

아이리스 폴딩 패턴(iris-folding-pattern)

다양한 접이식 구조가 필요한 로봇공학에서도 오리가미는 상상의 지평을 넓혀 주었다.

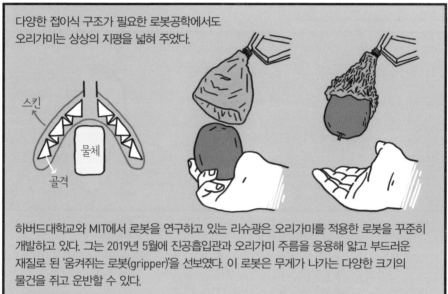

스킨

물체

골격

하버드대학교와 MIT에서 로봇을 연구하고 있는 리슈광은 오리가미를 적용한 로봇을 꾸준히 개발하고 있다. 그는 2019년 5월에 진공흡입관과 오리가미 주름을 응용해 얇고 부드러운 재질로 된 '움켜쥐는 로봇(gripper)'을 선보였다. 이 로봇은 무게가 나가는 다양한 크기의 물건을 쥐고 운반할 수 있다.

* 출처: Li, Shuguang, et al, "A Vacuum-driven Origami 'Magic-ball' Soft Gripper." (2019).

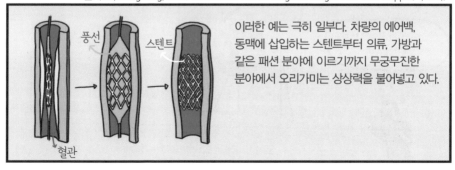

풍선

스텐트

혈관

이러한 예는 극히 일부다. 차량의 에어백, 동맥에 삽입하는 스텐트부터 의류, 가방과 같은 패션 분야에 이르기까지 무궁무진한 분야에서 오리가미는 상상력을 불어넣고 있다.

과학기술계가 오리가미에서 영감을 받기만 한 것은 아닙니다.

거꾸로 수학은 오리가미의 상상력에 빅뱅을 일으켰습니다.

1970년대 후반부터 오리가미 연구자들은 접힌 종이를 펼쳤을 때 나타나는 기하학적인 주름 패턴을 디자인하고 계산할 수 있는 수학 이론의 개발에 착수했다.

나사 제트추진연구소에서 레이저를 연구했으며 현재 오리가미 연구가로 활동 중인 로버트 랭(Robert Lang)은 일본의 도시유키 메구로와 아이디어를 주고받으며 1990년대 트리 그래프(tree graph)와 위상수학을 이용한 일명 서클리버 패킹(circle-river packing)이라는 기법을 개발하여 오리가미 분야에서 혁명을 일으켰다.

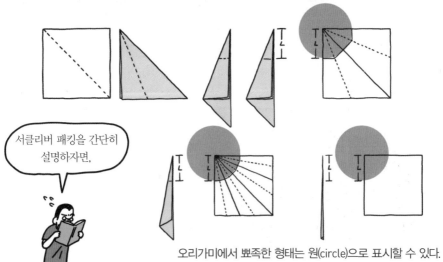

서클리버 패킹을 간단히 설명하자면,

오리가미에서 뾰족한 형태는 원(circle)으로 표시할 수 있다.

* 출처: Lang, Robert J. "Mathematical algorithms for origami design." *Symmetry: Culture and Science* 5.2 (1994): 115–152.

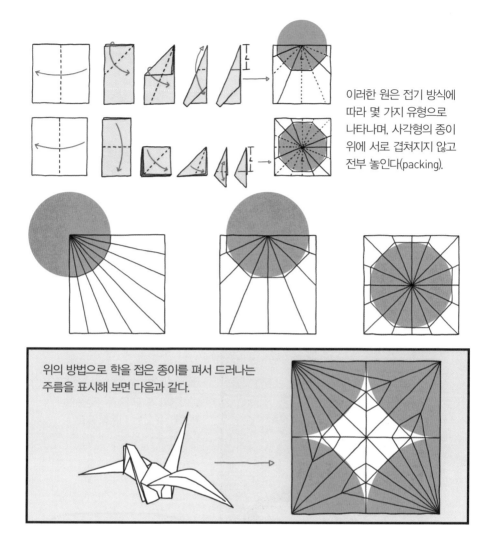

이러한 원은 전기 방식에 따라 몇 가지 유형으로 나타나며, 사각형의 종이 위에 서로 겹쳐지지 않고 전부 놓인다(packing).

위의 방법으로 학을 접은 종이를 펴서 드러나는 주름을 표시해 보면 다음과 같다.

모델의 형태를 뼈대 구조로 단순화하면, 몸통은 원들 사이의 흐르는 공간(river)이 된다.

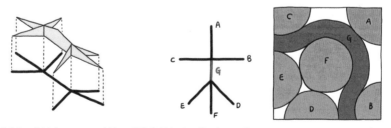

*출처: 마테오 디아스(Mateo Diaz)의 프레젠테이션 자료 참조(https://matematicas.uniandes.edu.co/~cursillo_gr/escuela2016/abstracts/Presentation-Diaz-origami.pdf).

따라서 이를 활용하면 아무리 복잡한 형태도 트리 구조로 단순화하고, 부속지를 원으로 표현하여 대략적인 전개도를 구상할 수 있다.

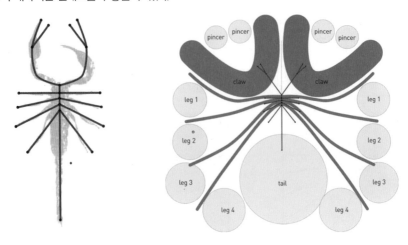

이 수학적 기법은 오리가미를 우연이나 감이 아닌 시행착오를 줄이면서 체계적으로 구상하고 개발할 수 있는 이론적 틀로 만들어 주었다.

수학은 1990년대 오리가미 분야에 곤충의 황금기를 불러왔습니다.

또한 이전에는 불가능하거나 기피했던 더듬이나 다리처럼 긴 부속지를 가진 곤충과 같은 모델의 구현이 가능해졌고, 더욱 사실적으로 만들 수 있게 되었다.

*출처: Lang, Robert J. "Mathematical Methods in Origami Design." *Bridges 2009*: *Mathematics, Music, Art, Architecture, Culture*. (2009): 11–20

랭은 여기서 더 나아가 서클리버 패킹 기법을 알고리즘화한 오리가미 제작 프로그램인 트리 메이커(Tree Maker)를 선보였다.

찾아보니 프로그램은 공개되어 있고, 현재 버전 5.0.1까지 나와 있습니다.

오늘날 가장 복잡한 오리가미는 이처럼 수학적인 아이디어와 예술적인 영감이 만나 탄생한다.

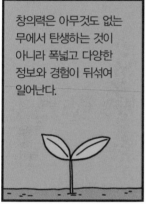

창의력은 아무것도 없는 무에서 탄생하는 것이 아니라 폭넓고 다양한 정보와 경험이 뒤섞여 일어난다.

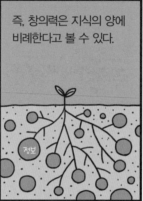

즉, 창의력은 지식의 양에 비례한다고 볼 수 있다.

정보

그러나 마냥 지식을 쌓는다고 해서 저절로 창의라는 기적이 일어나는 건 아닙니다.

창의력이란 화학 반응이 일어나기 위해서는 자유로운 생각이 필요합니다.

자유로운 생각은 휴식, 여유, 취미와 같은 것에서 만들어진다.

우리가 지금껏 낭비, 게으름이라고 손가락질했던 잉여로운 시간은 인간만이 가진 창의력이란 기적을 일으키는 데 꼭 필요한 것이었다.

로봇과 인간의 유대

디트로이트: 비컴 휴먼

가정에서 내가 자임한 일 중 하나가 방바닥 닦기다.

막대걸레는 성에 차지 않고 걸레를 손에 들고 꼼꼼히 닦아야 마음이 개운하다.

하지만 세상의 부조리함이든 방바닥의 먼지든 더러움을 닦아내는 일은 굉장히 힘든 법이다.

죽겠다. 바닥은 넓고 내 팔은 짧구나….

벌러덩

일주일에 두어 번씩 집 바닥을 닦을 때마다 나는 인내의 극한까지 내몰리곤 한다.

우리 집이 언제부터 이렇게 넓었다고!

그러니까 로봇청소기 사자니까.

로봇청소기는 힘이 없어서 안 돼.

자고로 걸레질은 손에 기를 모아서 빡빡~

슥슥

팟파파 팟

안드로이드 로봇이야말로 나를 시시포스의 방바닥 닦기에서 해방해 줄 것이다.

아~ 죽겠다.

끄아아

벌러덩

그러나 모두가 다가올 로봇의 시대를 장밋빛으로만 보는 건 아니다.

새로운 기술이 등장할 때마다 그렇듯이, 사람들은 로봇이 가져올 낯섦에 대한 불안을 느낀다.

앞으로 뭐 먹고 살아야 하나.

로봇이 대체할 직업 TOP 10

인간을 넘어서는 전지전능한 능력으로 그려지는 로봇은 현실보다 훨씬 앞서 소설과 영화에 등장하며 우울한 디스토피아를 그렸다. 특히 의식을 갖게 된 로봇이 인간을 공격하고, 정복하지 않을까 하는 원초적인 두려움은 로봇 산업을 바라보는 인식의 밑바닥에서 굴러다니고 있다.

0:13 이세돌 VS 알파고 00:1.

DETROIT
BECOME HUMAN

ⓒ 디트로이트: 비컴 휴먼

퀀틱 드림에서 제작하고 2018년 5월에 출시된 게임 〈디트로이트: 비컴 휴먼〉은 인공지능 로봇이 대중화된 미래를 그린다. 이 게임은 로봇이 가져올 사람들의 불안을 현실감 있게 묘사한다.

- 아무데도 못 가. 우리가 너놈 면상을 뭉개버릴 테니까.

ⓒ 디트로이트: 비컴 휴먼

로봇에게 일자리를 빼앗긴 사람들은 무기력과 절망감 속에서 로봇에 대한 적개심을 드러낸다.

ⓒ 디트로이트: 비컴 휴먼

대중교통을 이용할 때도 별도의 공간에 탑승하는 모습에서 로봇은 과거 흑인 노예와 같이 그려진다.

게임은 서로 유기적으로 얽혀 있는 각각의 세 주인공 로봇을 통해 존재의 정의에 질문을 던지며 이야기를 전개해 나간다.

인간 동료와 협력해 사건을 해결해야 하는 코너

로봇의 권리를 쟁취하려는 마커스

아이를 보호하려는 카라

389

여러 SF 작품에서 그려지는 것처럼 인공지능은 의식을 갖게 될까요?

로봇에 대한 이러한 우려를 우리는 어떻게 바라봐야 할까요?

펜실베이니아 주립대학교에서 정보기술과 경영학의 최신 동향을 연구하는 존 조던 (John Jordan)은 그의 책 《로봇(Robots)》* 에서 다음과 같이 말한다.

과학 콘텐츠가 만들어 낸 기대가 '실제' 로봇에 대한 기대 수준을 비현실적으로 높게 만들었습니다.

* 국내에는 《로봇 수업》이라는 제목으로 출판되었다.

비록 인공지능과 의식의 문제는 너무 앞서간 것으로 보이지만, 또 다른 측면에서 로봇은 우리에게 이전에 없던 새로운 고민을 안겨 줄 것이 자명해 보인다.

이 자식이!

게임에서 로봇 코너와 인간 행크의 관계처럼, 여러 분야에서 인간과 로봇의 협업은 점점 흔히 볼 수 있는 관계가 될 것이다.

행크, 절 파손하면 수리비를 물어야 할 것입니다. 그 비용이 만만치 않을걸요?

쳇! 과학기술의 결정이로구먼. 요새는 싸가지 없는 것도 프로그래밍할 수 있나 보네.

카네기멜런대학교의 로봇공학연구소에서 실시한 2011년 연구는 인간과 로봇의 유대가 단순한 상호작용을 넘어서는 것을 보여준다.

연구팀은 학교 사무실에 스낵을 운반하는 스낵봇을 만들어 4개월간 직원들의 반응을 조사했다. 로봇은 웃고, 찡그리고, 중립적인 표현을 할 수 있는 LED로 된 입을 가지고 있으며, 배달 시 기본적으로 주고받는 대화와 상황을 상정하고 남성의 목소리를 녹음해 주문자와 상호작용할 수 있도록 했다.

조사에 참여한 직원들 대부분은 로봇에 대해 긍정적인 피드백을 보였으며 공손함, 보호, 모방, 사회적 비교, 심지어 질투까지도 표현했다.

스낵 배달 왔습니다.

안녕! 냅.

사람들의 이러한 반응은 스낵봇을 예의 바르고 친절한 인간형 로봇으로 구현해 놓았기 때문에 그럴까요?

오늘도 좋은 하루 되세요.

하지만 어떠한 상호작용도 없고, 최소한의 인간 형태도 갖추지 않은 로봇에 대해서도 사람들은 유대감을 느끼는 것으로 나타났습니다.

이라크와 아프가니스탄에서 활약하고 있는 아이로봇사의 폭탄 제거 로봇은 오로지 임무에 필요한 장치와 형태만을 갖춘 로봇이다. 그러나 군인들은 이 로봇에 이름을 붙여주고 인간이나 동물처럼 대했다. 그들은 로봇이 전투 활동 중 파괴되면 좌절, 분노, 심지어 슬픔과 같은 다양한 감정을 느꼈으며 전사한 로봇 동료를 위해 장례식을 치러 주기도 했다.

로봇과의 유대감에는 전에는 없었던 새로운 인식과 규정이 필요할 것입니다.

만약 단골 식당에서 매일 마주하는 서빙 로봇을 함부로 대하는 사람을 본다면 당신은 어떤 느낌이 들까요?

뭐가 이렇게 걸리적거려!

쿵!

마치 자판기를 발로 차는 것을 보는 정도의 느낌일까요? 아니면, 친구가 괴롭힘을 당하는 느낌일까요?

깡통 주제에!

팍!

이 손님에게 기물파손죄를 적용하는 게 옳을까요?

왜 가만히 있는 로봇을 괴롭혀요!

당신이 주인이야 뭐야! 고장 나면 물어 주면 될 거 아니야!

아니면 좀 더 생물윤리적인 측면에서 죄를 물어야 할까요?

뭐라고요! 돈이면 단 줄 아세요?!

2015년에 보스턴 다이내믹스사는 그들이 개발한 로봇을 발로 차는 영상을 공개했다. 발로 차도 쓰러지지 않는 로봇의 균형 시스템을 보여주기 위한 것이었지만, 이를 본 일부 사람들은 불편한 감정을 드러냈다.

아마도 적잖은 사람들이 그들을 유별나다고 생각했을 것입니다.

그러나 우리는 몇 세기 전만 해도 동물을 의식이 없는 자동인형으로 생각했고, 따라서 동물을 대상으로 한 잔혹한 생체 실험을 아무런 거리낌 없이 행했다.

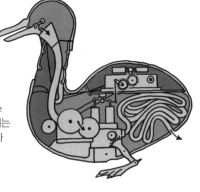

1735년 프랑스 발명가 자크 드 보캉송(Jacques de Vaucanson, 1709~1782)이 만든, 태엽으로 움직이는 소화하는 오리 인형. 이 오리는 움직일 뿐만 아니라 물과 옥수수 알갱이를 먹고 똥을 눌 수도 있었다. 당시에는 동물을 이와 같은 자동인형 정도로 생각했다.

© 디트로이트: 비컴 휴먼

하지만 지금은 동물의 의식을 인정하고, 괴롭히면 법적인 제재를 가한다.

게임에서 로봇 주인공들은 거울을 들여다보는 행동을 할 수 있다. 거울에 비치는 자신의 모습을 인식하는 것은 자아에 대한 의식을 갖고 있다는 증표 중 하나다. 개는 거울에 비친 모습을 자신이라고 인식하지 못한다.

393

심지어 요리에서 갑각류나 문어와 같은 연체류를 산 채로 끓는 물에 넣는 것을 금지하려는 움직임도 일고 있다.

과거 사람들의 눈에 지금의 동물보호법은 정말 유별나게 보일 것입니다.

기계를 '학대'한다는 개념이 어떻게 성립할 수 있단 말이오!

인공지능 로봇은 의식과 감정을 가질 수 있을까요?

아직 우린 알 수 없습니다.

그러나 우리가 로봇에게 의식과 감정을 가지게 될 것은 분명합니다.

왜냐하면 그것이 '인간'이기 때문이다.

전쟁의 풍경을
바꾼 드론

고스트 리콘: 브레이크 포인트

인권과 민주주의를 수호하기 위해
우리 미국은 모든 힘과 자원을 활용해
독일과의 전쟁을 끝내겠습니다.

독일의 잠수함 작전으로 상선과 민간인의
피해가 계속되자 미국은 더 이상 중립을
고수하기 어려웠다. 미국은 윌슨 대통령의
선전포고와 함께 뒤늦게
제1차 세계대전에 참전했다.

그러나 미군 사상자가 20만 명을 넘어서자
미국은 경악에 빠졌다. 정치적 부담을 느낀
정부는 희생을 줄일 방법을 고심했다.

교착 상태에 빠져 무모한 희생을
늘리지 않기 위해선 항공력, 정밀 폭격,
첨단 무기 시스템을 구축해 적의 중요
군사시설을 선제적으로 정밀 폭격하여
무력화해야 합니다.

이러한 시스템을 구축하는
비용이 적을수록 그 효용은
더 클 것입니다.

에드거 S. 고렐(Edgar S. Gorrell) 대령

드론에 대한 최초의 개념은 군인의 희생을
줄이고 빠르고 신속하게 전쟁을 끝내고자
하는 목적에서 등장했다.

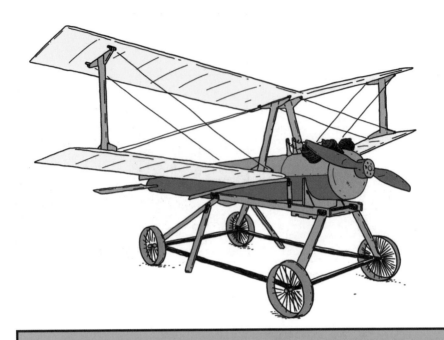

케터링 버그(Kettering Bug)는 길이 3.8미터, 폭탄을 포함해 무게 240킬로그램인 목제 복엽기로, 120킬로미터 떨어진 목표를 공격할 수 있었다. 메커니즘은 단순했다. 풍속, 방향, 거리를 결정하고 그에 따른 엔진 회전수를 계산해 프로펠러를 감은 후 레일 위의 짐수레에서 발사했다. 자이로스코프와 기압계로 수평과 고도를 유지했고, 프로펠러가 정지하면 날개가 떨어져 나가면서 목표물로 낙하했다.

초기 드론의 개념인 케터링 버그는 50기 미만이 제작되었지만, 전투에 투입하기 전에 제1차 세계대전은 끝이 났습니다.

그 후 케터링 버그의 개발은 중단되었지만, 무인기 개념이 이미 싹을 틔우고 자라기 시작했습니다.

숭-

최초로 무기를 탑재한 드론이 실전에 사용된 것은 2001년 아프가니스탄에서였다. 드론은 희생을 줄이면서 위협에 맞설 수 있는 '쉬운' 수단이자 만병통치약이었다.

헬파이어 미사일을 무장할 수 있는 RQ-1 Predator

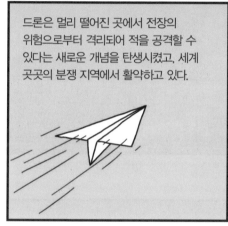

드론은 멀리 떨어진 곳에서 전장의 위험으로부터 격리되어 적을 공격할 수 있다는 새로운 개념을 탄생시켰고, 세계 곳곳의 분쟁 지역에서 활약하고 있다.

드론은 현대 전쟁의 풍경을 바꾸고 있다.

이러한 시대적 변화는 게임에서도 드러난다. 2019년 5월에 출시된 유비소프트의 〈고스트 리콘〉 시리즈의 최신작 〈고스트 리콘: 브레이크 포인트〉에서는 다양한 드론 활용의 일면을 엿볼 수 있다.

첨단 기술 기업 스켈 테크놀로지사의 대표 제이스 스켈은 태평양의 오로아 제도를 구입해 그곳을 드론 개발의 허브이자 에너지 자립이 가능한 낙원으로 만들려고 한다. 그러나 의문의 테러를 당한 제이스 스켈은 회사와 직원, 더 나아가 섬을 지키기 위해 민간 군사 기업과 손을 잡고 경비를 한층 강화하는 한편, 드론을 이용한 방어 체계를 구축한다.

© 고스트 리콘: 브레이크 포인트

게임 속 세계를 구현하는 데 탁월함을 보여주는 유비소프트의 능력은 이번 작품에서도 유감없이 발휘되었다.

여기에는 스켈의 불안한 마음의 틈을 비집고 들어와 그의 첨단 드론 기술을 무기화하려는 이들의 음모가 도사리고 있었다. 한편, 스켈 테크의 수상한 움직임을 경계하던 미국 정부는 오로아 제도 인근에서 미 해군 화물선이 침몰한 것을 계기로 특수부대 '고스트' 팀을 투입한다.

© 고스트 리콘: 브레이크 포인트

유비소프트의 디테일을 엿볼 수 있는 세계 씨앗 저장소. 현실에서도 종자의 멸종을 막기 위해 세계 곳곳에 종자은행을 설립하여 씨앗을 보존하고 있다.

2017년에 발표했던 이전 작인 〈고스트 리콘: 와일드 랜드〉에서도 드론이 등장했지만 정찰용에 국한되었던 반면, 이번 편에서는 첨단 기술의 현대전 경향을 반영해 여러 유형의 드론이 등장한다.

© 고스트 리콘: 브레이크 포인트

© 고스트 리콘: 브레이크 포인트

정찰 드론이 하늘에 떠 감시하고, 경비 드론은 사각지대에서 사격을 가한다. 게임은 근미래를 배경으로 하지만, 등장하는 드론 기술은 낯설지 않다.

현재 세계 각국은 미군이 아프가니스탄에서 드론의 위력을 선보인 이후로 다양한 드론을 전장에서 운영하고 있다. 최근에는 다양한 임무를 수행할 수 있고, 공격력이 더 높아진 고성능 스텔스 드론도 등장했다.

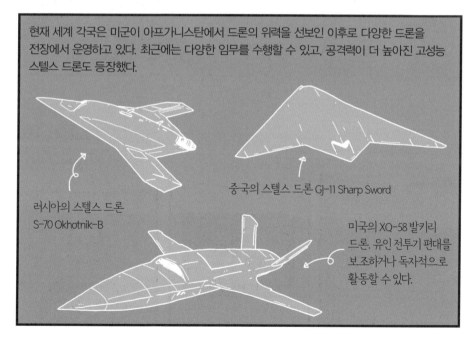

러시아의 스텔스 드론 S-70 Okhotnik-B

중국의 스텔스 드론 GJ-11 Sharp Sword

미국의 XQ-58 발키리 드론. 유인 전투기 편대를 보조하거나 독자적으로 활동할 수 있다.

이러한 대형 드론은 유인 스텔스 전투기에 비해 저렴하면서도 거의 동일한 임무를 수행할 수 있지만, 잃어버리기에는 부담스러운 가격입니다.

값비싼 대형 드론의 반대편에서는 작고 값싼 소모성 드론이 개발되고 있습니다.

전쟁에서 숫자는 중요한 요소다. 약한 개체라고 해도 많은 수가 집단을 이루면 강한 개체를 제압할 수 있다. 이러한 전략은 찌르레기 무리, 벌과 개미 떼 등 자연 곳곳에서 볼 수 있다. 여기에 착안해 유기적으로 움직이는 작고 값싼 드론 무리의 개념이 등장했다.

〈브레이크 포인트〉에서 오로아 섬에 침투하던 고스트 팀의 헬기는 드론 떼의 습격을 받아 추락합니다.

이 드론들은 스켈 테크에서 식물의 수분을 돕는 벌의 역할을 맡기기 위해 개발했던 것을 무기화한 것이었죠.

벌처럼 떼를 지어 이동하고 공격하는 이러한 군집 드론은 여기서뿐만 아니라 다른 게임과 영화에서도 곧잘 볼 수 있습니다.

© 고스트 리콘: 브레이크 포인트

포대처럼 생긴 드론 발사대에서 엄청난 수의 마이크로 드론이 쏟아져 나온다.

평창 동계올림픽 오프닝에서는 1218개의 드론으로 화려한 무대를 펼쳤고, 최근에는 슈퍼볼과 같은 거대한 행사에서도 드론의 군무를 심심찮게 볼 수 있다.

이제 군집 드론은 더 이상 화면 너머에 머물러 있는 기술이 아닙니다.

우와—

그러나 이러한 군무는 각각의 드론에 이동과 위치에 대한 정보가 미리 프로그래밍되어 있는 것으로, 군집 드론의 개념과는 거리가 멀다.

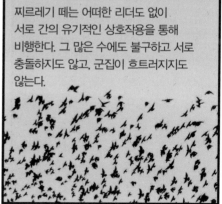

찌르레기 떼는 어떠한 리더도 없이 서로 간의 유기적인 상호작용을 통해 비행한다. 그 많은 수에도 불구하고 서로 충돌하지도 않고, 군집이 흐트러지지도 않는다.

403

군집 드론을 연구하는 헝가리의
거보르 바샤르헤이의 연구팀은
몇 년 전 10대의 드론으로
시작해 2018년에 30대의 드론이
상호작용만으로 동시 비행을
하게 하는 데 성공했다.

10대의 드론을 다루는 것보다
30대의 드론을 다루는 것이
아들 하나와 셋의
차이만큼이나 힘듭니다.

어떻게 아냐고요?
제가 아들이 셋이거든요!

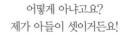

거보르 바샤르헤이(Gábor Vásárhelyi)

이 드론들은 각자 자신의 위치와 속도를
추적하고, 그와 동시에 다른 개체들과
정보를 공유하며, 함께 더 적합한
비행 방향을 결정한다.

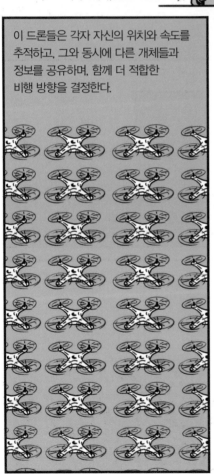

군집 드론은 구현하기가 매우 까다롭다.
드론 한 대가 경로를 이탈하면 다른
드론들이 이를 따라올 수도 있고, 위치를
잘못 파악하거나 의사소통 문제로 주위
드론과 충돌할 수도 있다.

이러한 문제는 무리를 이루는 구성원이
많을수록 변수가 기하급수적으로 커지고,
작은 오류가 연쇄적인 반응과 함께 증폭되며
전체에 혼란을 야기하기 때문에 나타난다.

연구팀은 이를 위해 11개의 변수를 설정한 매우 사실적인 무리 모델(flocking model)을 설계해 수백 세대를 시뮬레이션함으로써 실제 비행에 성공했다.

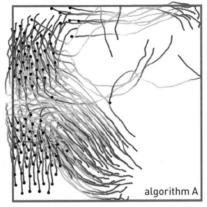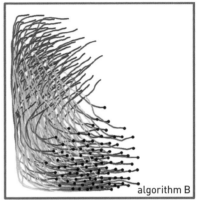

이전 연구의 알고리즘 모델(A)과 새로운 무리 모델(B)의 시뮬레이션 차이

* 출처: Vásárhelyi, Gábor, et al. "Optimized flocking of autonomous drones in confined environments." *Science Robotics* 3.20(2018): eaat3536.

미군은 군집 드론에 대해 일찍부터 주목하고 개발의 선두에 나섰다. 드론 제조업체 크라토스(Kratos)가 개발하고, 미국 국방성의 방위고등연구계획국 다르파에서 2015년부터 반자율 또는 자율적인 군집으로 행동하는 그렘린 프로그램을 운영하고 있다.

X-61A Gremlin

일명 그렘린(Gremlin)으로 불리는 X-61A 드론은 항공모함에서 발사해 임무를 수행한 후 C-130 허큘리스 수송기를 통해 회수한다. 한 명의 오퍼레이터가 최대 여덟 대의 그렘린 드론을 운용할 수 있다.

C-130 Hercules

미 국방부 산하 전략능력국(Strategic Capabilities Office)은 해군 항공 시스템 사령부와 협력하여 퍼딕스(Perdix)라는 군집 드론을 개발하고 있다.

퍼딕스는 유인 항공기에서 발사하는 소모성 마이크로 드론으로, 자율적으로 군집을 이뤄 행동하며 첩보·감시·정찰 임무를 수행한다. 2016년에 F/A-18 슈퍼호닛 3기에서 100개 이상의 마이크로 드론을 발사해 능력을 시험했다.

퍼딕스

다르파는 한 명의 오퍼레이터가 다수의 항공기를 지휘할 수 있으며, 통신이 끊어지더라도 드론이 자율적으로 서로 협력하고, 위협에 대응하며 임무를 달성할 수 있는 CODE(Collaborative Operations in Denied Environment) 프로그램도 개발하고 있다. CODE는 소프트웨어로 드론을 비롯해 지상 차량이나 유인 항공기 등 어떠한 플랫폼에서도 운용이 가능하다. 다르파는 2019년 2월에 통신과 GPS가 끊긴 상황에서도 CODE가 장착된 무인기가 임무 수행에 성공했다고 발표했다.

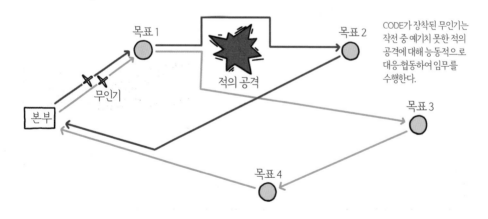

목표 1

적의 공격

목표 2

CODE가 장착된 무인기는 작전 중 예기치 못한 적의 공격에 대해 능동적으로 대응·협동하여 임무를 수행한다.

목표 3

무인기

본부

목표 4

군집 드론의 목적 중 하나는 외부의 지시 없이 자율적으로 임무를 수행하는 것입니다.

이것은 사실상 인간의 개입 없이 독자적으로 전술 활동이 가능한 인공지능 로봇입니다.

그렇다면 우리는 인공지능 드론(로봇)의 전술 결정권을 어디까지 허용해야 할까요?

로봇과 인간의 전쟁은 이제 상상이 아닌 현실의 이야기가 되어 가고 있다.

인공지능은 하이힐에
매력을 느낄까?

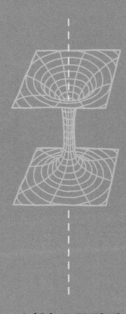

니어 오토마타

기계 생명체를 보내 지구를 정복하려는
외계인에 대항해 달로 피신한 인류는
안드로이드를 지구로 보내 기계생명체와
끝없는 전투를 이어 간다. 오랜 시간이
흘러 기계생명체와 안드로이드 사이에서
자아를 가진 듯한 개체들이 나타난다.

2017년에 출시해 큰 인기를 끌었던
〈니어 오토마타〉의 세계관은 매력적인
캐릭터만큼이나 인상적이다.

〈니어 오토마타〉의 주인공인 여성형 안드로이드 2B

〈니어 레플리칸트〉의 주인공 니어

전작인 〈니어 레플리칸트(NieR Replicant)〉에서부터
이어 오고 있는 인공지능과 자아에 대한 주제는
SF적인 상상력과 함께 철학적 질문을 던진다.

뇌를 컴퓨터로 복제할 수 있다면, 그 데이터 혹은 시뮬레이션은 정신-자아(自我)를 가질 수 있을까요? 더 나아가 인간 뇌에 근접한 고도의 인공지능은 자아를 가질까요?

과연 우리는 고도의 인공지능과 자아를 구분할 수 있을까요?

〈니어 오토마타〉에서 묘사하는 자아의 특징은 '감정'이다. 아름다움, 슬픔, 공포, 사랑과 같은 감정은 비합리적이다. 인공지능은 항상 합리적이기 때문에 감정을 느끼거나 이해할 수 없을 것으로 그려진다.

이런 측면에서 게임의 주인공이자 매력적인 여성 안드로이드인 2B라는 캐릭터는 재미난 의문을 떠올리게 한다.

인공지능은 하이힐을 매력적이라고 생각할까요?

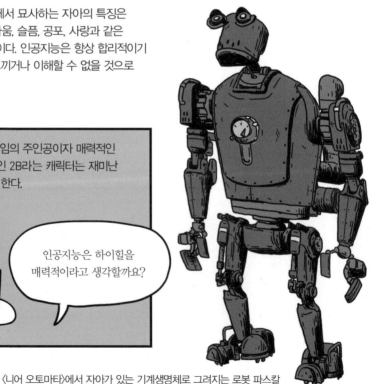

〈니어 오토마타〉에서 자아가 있는 기계생명체로 그려지는 로봇 파스칼

410

전투형 안드로이드인 2B가 신고 있는 신발은 전투화가 아닌 하이힐이다. 물론 이것이 현실적이지 않다고 말하는 건 아니다. 게임 속 세계에서 무엇을 신고 뛰어다니든 무슨 상관이랴. 분명한 것은 제작진이 2B의 섹시함을 돋보이게 하기 위해 하이힐을 신겼을 것이라는 점이다.

남성은, 심지어 여성도 하이힐을 매력적으로 느낍니다.

그러나 하이힐과 매력의 상관관계는 그리 명확하지 않습니다.

굽 높은 신발은 기능적·과시적 목적으로 역사 속에서 종종 등장했다. 중세에는 진흙과 배설물로 뒤덮인 도로를 걸으며 옷이 더럽혀지는 것을 방지하기 위한 패튼(patten)이라는 신발이 있었고, 15~17세기의 베네치아에서는 상류층 여성들 사이에서 과시적인 용도로 초핀(chopine)이 유행했다. 하지만 이것은 하이힐이라기보다는 단지 굽 높은 신발(platform shoes)이었다.

* 베네치아 여성의 치마 속을 그린 패션 일러스트. 초핀을 신고 있음을 볼 수 있다. (출처: 위키피디아)

411

하이힐에 가까운 형태의 신발은 여성이나
성적 매력과는 하등 관계없는 곳에서 등장했다.
하이힐의 기원은 페르시아의 기마부대로 알려져
있다. 말의 안장 위에서 양손으로 활을 쏘는
기마술을 위해 신발의 굽을 높여 등자에 발을
단단히 고정했던 것이다.

16세기 말 페르시아의 문화는 서유럽을 통해
알려졌고, 유럽 귀족들은 페르시아의
이국적이고 남자다운 매력의 상징으로
굽 높은 신발을 신었다. 17세기에는 남녀 모두
하이힐을 애용했다.

그러나 계몽주의 시대와 프랑스혁명을
거치면서 비실용적이고 귀족의 상징이었던
하이힐은 18세기 후반에 이르러 남녀
모두에게서 자취를 감췄다.

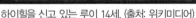
하이힐을 신고 있는 루이 14세. (출처: 위키미디어)

하이힐은 19세기 중반 여성용 신발로 다시 등장했다.
특히 하이힐은 도색 사진 속에서 자주 등장하며 '섹시함'의
상징으로 떠올랐다. 실제 포르노 잡지의 표지 사진을 분석한
한 논문은 모델의 50% 이상이 하이힐을 신고 있었다고
보고했다.

이렇듯 하이힐은 처음부터 여성의 성적 매력을 돋보이게 하려는 목적으로 등장한 것은 아니었지만,

대중문화는 하이힐을 섹시 코드와 연결지음으로써 우리의 뇌리에 각인한 듯합니다.

2013년 프랑스에서 실시한 니콜라스 게겐(Nicolas Guéguen)의 실험은 하이힐이 남성에게 끼치는 영향력을 단적으로 보여준다.

그는 19세 여성들에게 똑같은 검은색 정장과 검은색 가죽신발을 신겼다. 단지 그녀들의 차이점은 신발의 높이였다. 게겐은 그녀들에게 각각 굽이 없는 신발, 5cm, 9cm의 하이힐을 신기고 네 가지 실험을 했다.

* 출처: Guéguen, Nicolas, "High heels increase women's attractiveness," *Archives of sexual behavior* 44.8 (2015): 2227–2235.

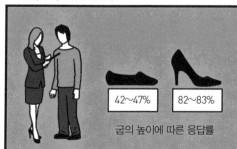

42~47%   82~83%

굽의 높이에 따른 응답률

처음 두 번의 실험은 홀로 걷는 보행자를 대상으로 설문조사를 받는 것이었다. 그 결과 굽의 높이에 따라 남성의 응답률은 거의 2배 차이가 났다. 흥미로운 점은 여성의 경우 굽의 높이와 상관없이 응답률이 30~36%로 거의 일정했다는 것이다.

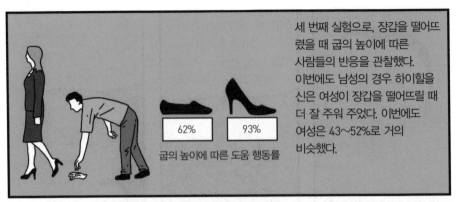

세 번째 실험으로, 장갑을 떨어뜨렸을 때 굽의 높이에 따른 사람들의 반응을 관찰했다. 이번에도 남성의 경우 하이힐을 신은 여성이 장갑을 떨어뜨릴 때 더 잘 주워 주었다. 이번에도 여성은 43~52%로 거의 비슷했다.

62% 93%

굽의 높이에 따른 도움 행동률

네 번째 실험은 술집에서 이루어졌다. 하이힐을 신은 여성에게 남성이 더 빨리 접근해 왔다.

14분 8분

굽 높이에 따른 남성의 평균 접근 시간

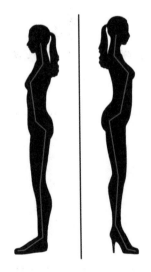

남성들이 하이힐에 매력을 느끼는 이유가 비단 대중문화가 심어 놓은 이미지 때문일까? 물론 이런 하이힐 현상을 진화론적으로 설명하기 위한 여러 노력이 있었다. 하이힐이 여성의 키를 크게 보이게 하고, 보행 패턴에 변화를 주어 보폭이 줄어들게 하고, 골반 기울기와 엉덩이 회전을 증가시켜 여성성을 더 돋보이게 한다는 주장은 널리 알려져 있다.

혹은 어린아이의 발처럼 작은 발은 더 젊다는 것을 암시하며, 하이힐을 신으면 발을 작게 보이게 하기 때문에 더 매력적으로 보인다는 주장도 있다.

그러나 이런 이론들은
게겐의 실험 결과를
설명하기에는 부족하다.

세 번째 실험에서는 여성의
뒤에 있었기 때문에 발의
크기는 눈에 띄지 않는다.

술집의 실험은 하이힐을 신고
의자에 앉아만 있었는데도
더 많은 남성의 주목을
받았다.

이렇듯 하이힐과 매력의 상관관계는 명확하지 않다.
분명한 건 남성은 여성의 외적인 요소에서 매력,
건강, 짝짓기의 성공 여부에 대한 단서를 찾는다는
점이다. 예를 들어 여성의 머리카락 색, 문신, 화장품,
옷의 종류와 색 등은 남성의 판단에 영향을 끼친다.
남성이 하이힐을 해석하는 정보의 근간에 대중문화가
심어 놓은 이미지가 많은 영향을 끼친 것으로 보인다.

시대의 아이콘이었던 메릴린 먼로 역시 하이힐을 신고 있었다.

하지만 신발로서 하이힐의 기능성은 거의 무용지물이다.
하이힐은 인체공학적으로 최악의 구조를 하고 있어
여성들은 발, 다리, 무릎, 허리의 통증 및 두통 등에
시달려야 했다.

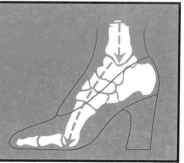

맨발에서는 발 앞부분과 뒤꿈치의 압력이 비교적 균일하지만,
굽이 높아질수록 압력이 발 앞부분에 집중된다.

덴마크의 저명한 해부학자이자 내과의였던 제이콥 베니뇨 윈슬로(Jacob Benignus Winslow, 1669~1760)가 1740년에 프랑스 과학아카데미에서 여성 건강을 해치는 하이힐에 대해 비판한 것을 시작으로 의사들은 일찍부터 신체에 악영향을 끼치는 하이힐의 부작용에 대해 목소리를 높였다.

여성의 굽 높은 신발은 발을 비정상적으로 구부리고, 평평하게 펼 수조차 없게 하여 뼈의 자연적인 형태를 완전히 바꾸어 놓습니다!

그럼에도 알 수 없는 매력은 여전히 여성이 강제적 혹은 자발적으로 하이힐을 신게 하고 있다.

과연 안드로이드인 2B에게 신발을 선택하게 한다면 그녀는 하이힐을 고를까요?

합리성을 기반으로 하는 인공지능에게 하이힐은 고문 기구일까, 매력적인 신발일까?

아날로그 게임의
과학

가위바위보는
확률이 지배할까?

아날로그 게임의 과학(1)

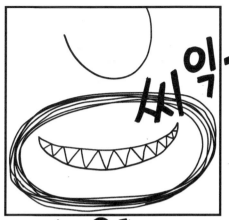

신체, 교육 수준, 나이와 상관없이 누구에게나 객관적이고 공평한 게임으로 평가받는 가위바위보는 고대로부터 인류의 중요한 의사 결정 수단이었다.

그러나 비록 그 존재가 공식적으로 기록된 적은 없지만, 구전은 가위바위보에서 유독 승률이 높은 사람들은 어느 시대에나 존재했음을 전하고 있다.

이런 예외적인 존재들은 오직 확률만이 지배한다고 여겨진 가위바위보의 객관성에 심각한 의구심을 품게 만든다.

가위바위보의 달인은 단지 적은
시행 횟수로 인한 편향된 결과가
낳은 일그러진 존재일까?

얼마든지
도전을
받아 주마.

아버님, 소녀와 한 번
더 하시지요!

아니면 가위바위보도 스포츠처럼 기술을 갈고닦으면
승률을 높일 수 있다는 증거일까?

예부터 전해 오는 가위바위보의 무패 전략 비법에 관한
많은 풍문은 가위바위보도 수련을 통해 승패를 통제할
수 있음을 보여주는 단서일지도 모른다.

아이코! 또 졌네!

어려서부터 차고에서 가위바위보를 즐겼던 미국의
더그와 그레이엄 워커 형제는 1995년 가위바위보
사이트를 만들고 세계 가위바위보 협회를 창설했다.
장난으로 만들었지만, 반향은 장난이 아니었다.
뜨거운 성원이 모여 마침내 2002년 정식 심판을 둔
세계 가위바위보 챔피언십이 열렸다. 마이크로소프트와
야후로부터 기업 후원을 받았으며, ESPN과
폭스 스포츠에서 방영되기도 했다.

그레이엄 워커
(Graham Walker)

이처럼 가위바위보 대회의 세계화에 주춧돌을 놓았으며, 스스로도 베테랑 선수인 그레이엄은 가위바위보에도 우승을 위한 두 가지 전략이 있다고 힘주어 말한다.

그… 그게 뭘까요?

폼은 그만 잡고요.

상대방의 선택지 중 하나를 제거하는 것,

그리고 이에 따라 상대가 예측 가능한 움직임을 하도록 강요하는 것입니다.

몇 가지 예를 들어 볼까요? 보통 초보자는 주먹을 내는 경향이 많습니다.

반면, 베테랑 선수는 이것을 알고 있기 때문에 처음부터 주먹을 내기를 꺼립니다.

초보자스럽게 처음부터 주먹을 낼 순 없지! 가위나 보자기를 내자.

그래서 베테랑 선수와의 경기에서는 가위를 내는 게 좋습니다. 그럼 상대를 이기거나 무승부가 될 확률이 높습니다.

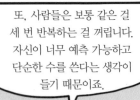

또, 사람들은 보통 같은 걸 세 번 반복하는 걸 꺼립니다. 자신이 너무 예측 가능하고 단순한 수를 쓴다는 생각이 들기 때문이죠.

그래서 상대가 가위를 두 번 냈다면, 세 번째는 주먹이나 보자기를 낼 확률이 높습니다.

그리고

그리고

혹은

따라서 보자기를 낸다면 이기거나 무승부가 될 것입니다.

안 돼! 이래선 세계가 무너지고 말 거야.

그레이엄의 주장대로 가위바위보가 확률이 아닌 기술에 따라 승패가 결정되는 게임이라면, 우리는 그동안 가위바위보로 정했던 모든 결정의 정당성을 의심받는 치명적인 문제에 직면하게 된다. 사태의 심각성을 깨달은 연구자들은 가위바위보의 객관성을 검증하는 연구에 착수했고, 그 결과는 우리의 손 위에 시커먼 먹구름을 드리우고 있다.

두 사람이 모두 눈을 가리고 가위바위보를 했을 때는 세 결과의 비율이 비슷했지만, 한 사람이 볼 수 있도록 했을 때 무승부가 눈에 띄게 증가했다. 눈이 보이는 사람은 상대편을 보고 무의식적으로 같은 것을 내는 경향이 있었다.

	✊	🖐	✌
😊 vs 😑	32.1	33.1	34.8
😑 vs 😑	32.8	33.5	33.7

선수 유형 간 경기에 따른 가위, 바위, 보의 비율(%)

😊 vs 😑		😑 vs 😑	
😑 win	32.4		
😊 win	31.3	승패가 결정	66.7
무승부(draw)	36.3	무승부	33.3

경기에 따른 승부의 비율(%)

*출처: Cook, Richard, et al. "Automatic imitation in a strategic context: players of rock-paper-scissors imitate opponents' gestures." *Proceedings of the Royal Society of London B: Biological Sciences*(2011): rspb20111024.

2016년 연구에서는 가위, 바위, 보를 동일한 확률 안에서 무작위적으로 내도록 프로그래밍한 컴퓨터와 31명의 학생이 가위바위보 대결을 했다. 그 결과 사람은 처음에 바위를 내는 경향이 있고, 이전 승부의 결과가 다음 승부의 선택에 영향을 끼친다는 것이 밝혀졌다.

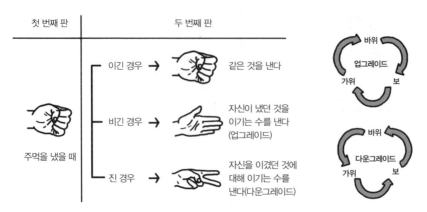

*출처: Dyson, Benjamin James, et al. "Negative outcomes evoke cyclic irrational decisions in Rock, Paper, Scissors," *Scientific reports* 6(2016).

즉, 앞선 부정적인 결과가 다음 선택에 영향을 끼친 것이다.

바위를 냈다가 졌으니까, 이번엔 보자기를 공격할 가위를 내야지!

이러한 결과들은 가위바위보가 확률이 지배하는 게임이 아니라고 말하고 있다.

앗!

가위바위보는 확률 게임이겠지만 인간의 마음은 확률에 운명을 맡기지 않기 때문입니다.

또 졌어!

인간의 마음은 생존을 위해 무작위성 속에서 패턴을 찾고, 모방과 학습을 통해 실패를 만회하려는 본능이 있습니다.

이러한 본능은 인간뿐만 아니라 원숭이에서도 관찰되었다.

또 뭘 줬다 뺏었다 하려고!

붉은털 원숭이를 훈련시켜 컴퓨터 화면으로 변형된 가위바위보 게임을 시켰다.
승부에 따라 차등적으로 보상이 주어졌고, 지면 아무것도 주지 않았다.
원숭이는 이전 판에서 지면, 다음 판에서 자기를 이겼던 것을 냈다.
원숭이도 부정적인 결과가 다음 선택에 영향을 끼친 것이다.

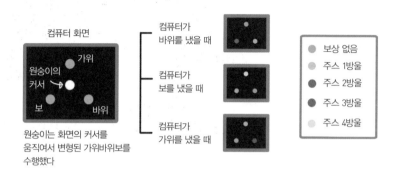

* 출처: Abe, Hiroshi, and Daeyeol Lee. "Distributed coding of actual and hypothetical outcomes in the orbital and dorsolateral prefrontal cortex." *Neuron* 70.4 (2011): 731–741.

마음이 패턴을 읽지 못하게 하면 된다. 눈을 가리면
가위바위보를 다시 확률이 지배하는 게임으로 만들 수 있다.
따라서 뒤로 돌아서서 하는 가위바위보는 간단한 해결책이다.
심판 역할을 하는 사람이 최종 결과만 알려주는 것이다.
그러나 이를 위해서는 세 사람이 필요하다.

이미 가위바위보는 첨예한 결정을 내리는 중요한 수단으로서 전 세계적으로 깊게 뿌리내렸다. 공정성 문제로 가위바위보를 금지한다면 이를 대체하기 위해 엄청난 사회적 혼란과 경제적 비용을 감수해야 할 것이다. 그렇다고 객관성을 상실한 가위바위보를 묵과한다면, 공정성과 신뢰가 무너질 것은 자명하다.

우리는 하루빨리 가위바위보의 국제 표준을 정함으로써 불신을 걷어내고 쓰러진 공정성을 다시 일으켜 세워야 할 것이다. 국제사회는 가위바위보의 객관성을 확보하기 위한 후속 연구가 진행될 수 있도록 기금을 마련하고 연구를 독려해야 한다. 처음에 '바위'를 내는 빈도수가 왜 높은지에 관한 심리학적·뇌과학적 규명은 그 시작을 여는 좋은 주제일 것이다.

물수제비와
마법의 각도

아날로그 게임의 과학(2)

과거 돌팔매질은 생존을 위한 중요하고 원초적인 기술이었다. 정확하고 세게 던질 수만 있다면 그 효용성은 어떤 무기에도 못지않다.

따라서 인류는 중요한 돌팔매질 능력을 연마하기 위해 끊임없이 노력했을 것이다.

돌멩이를 던져 수면을 따라 튕겨 나가는 횟수로 자웅을 겨루는 일명 물수제비는 이러한 전통에 뿌리를 내리고 있으리라 짐작한다.

그리스 로마 시대에도 기록되어 있는 물수제비는 지금도 이름은 다르지만 같은 방식의 놀이가 세계 각지의 호숫가와 바닷가에서 행해지고 있다. 더는 사냥이 필요 없는 현대에도 사람들은 물가에만 가면 물 만난 고기처럼 돌멩이를 집어 던지며 상대보다 나은 물수제비 능력을 보이려 안간힘을 쓰고 있다.

1992년 물수제비를 38회 성공하여 기네스 신기록에 오른 저돈 콜먼 맥기(Jerdone Coleman McGhee)는 다양한 형태와 크기의 돌을 여러 조건에서 테스트하며 평생을 물수제비 연구에 매진하고 있는 인물이다.

돌은 테니스공 정도의 무게가 좋습니다.

그는 자신의 연구 결과를 《물수제비의 비밀(The Secrets of Stone Skipping)》이라는 책으로 출판하여 인류의 물수제비 능력 향상에 이바지하고 있다.

전 물수제비를 통해 인생의 끝에서 다시 삶의 희망을 찾았습니다.

그러나 물수제비에 관한 체계적이고 과학적인 분석은 20세기까지 진행되지 않았다. 어떤 힘이 돌을 물 밖으로 튕겨 내는지, 무엇이 튕기는 횟수를 결정하는지는 누구도 정확히 알지 못했다. 수많은 사람이 2000년을 넘게 물가를 향해 돌멩이를 던졌는데도 누구도 그 원리에 과학적으로 접근하지 않았다는 사실은 매우 놀라운 일이다.

돌멩이는 평평하며 균일한 두께의 모양으로 손에 들어오는 크기로 정합니다.

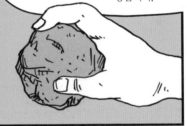

물론 20세기 중반을 전후로 여러 연구가 이루어지지만, 그것은 엄밀히 말하면 물수제비 연구가 아니었다. 물수제비는 평평한 물체를 이용하는 데 반해 이런 연구들은 대부분 원형이나 원기둥 물체가 대상이었으며, 충격 속도에 따른 되튀김(rebound) 상태에 대한 연구들이었다. 누가 물수제비를 하는데 원기둥 모양의 돌을 던지겠는가!

돌멩이에 최대한 회전을 줄 수 있도록 모서리에 집게손가락 끝과 손가락 마디를 잘 밀착시킵니다.

가운뎃손가락으로는 밑을 잘 받칩니다.

물수제비 운동의 과학적 기술은 애머스트대학교의 화학과 학생이었던 키스턴 코스(Kirston Koths)가 1968년에 최초로 연구를 진행했다.

그는 모래 상자, 담요를 덮은 테이블 위, 물에서 물수제비의 사진을 찍으며 각고의 노력을 했다. 그는 던진 돌의 뒷날이 물과 부딪힌 후 앞쪽을 향해 튕겨 나가게 하고, 튕겨 나가는 동안 수면과 약 75도의 기울기를 가지며, 뒷날이 수면과 20~30도의 각도로 충돌하는 것이 가장 이상적이라는 것을 발견했다.

그 뒤 30년간 물수제비에 대한 연구는 가라앉은 돌처럼 침체되어 있었다. 마침내 2003년 프랑스 리옹의 클로드 베르나르대학교의 물리학자 리드릭 보케(Lydéric Bocquet)가 혜성처럼 나타나 미국 물리학 저널에 물수제비에 대한 방정식을 도출한 논문을 게재했다.

학부생들을 위한 재미있는 실험이죠.

*출처: Bocquet, Lydéric. "The physics of stone skipping." *American journal of physics* 71.2(2003): 150–155.

그의 방정식은 회전과 속도를 기반으로 물수제비가 몇 번을 튕길 수 있는지를 계산할 수 있었다.

아… 현기증 난다.

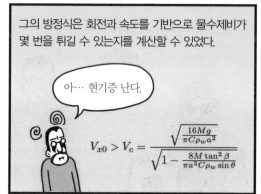

$$V_{x0} > V_c = \frac{\sqrt{\frac{16Mg}{\pi C \rho_w a^2}}}{\sqrt{1 - \frac{8M \tan^2 \beta}{\pi a^3 C \rho_w \sin \theta}}}$$

예를 들어, 콜먼 맥기가 기록한 38회의 물수제비에 성공하려면 시속 44킬로미터의 속도로 초당 14회 회전하도록 던져야 한다.

보케의 방정식은 훌륭했지만, 그의 연구는 실제 실험이 아니라 수식에만 기반을 뒀다는 아쉬움이 있었습니다.

그러나 보케의 연구는 거기서 멈추지 않았다. 보케는 팀원들과 초고속카메라를 동원해 정량적 실험에 착수했고, 그 결과를 2005년 《유체역학저널(Journal of Fluid Mechanics)》에 발표했다.

물수제비에서 돌의 회전은 매우 중요합니다.

회전은 자이로스코프 효과를 일으켜 돌의 안정성을 유지해 줍니다.

회전하지 않는 돌은 수면과 충돌하면 바로 가라앉았습니다.

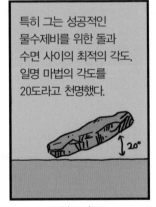

특히 그는 성공적인 물수제비를 위한 돌과 수면 사이의 최적의 각도, 일명 마법의 각도를 20도라고 천명했다.

20°

＊출처: Rosellini, Lionel, et al. "Skipping stones." *Journal of Fluid Mechanics* 543(2005): 137–146.

그리고 세상이 바뀌었다.
2013년 커트 스타이너(Kurt Steiner)는 보케의 방정식에 따라 힘과 회전 그리고 마법의 20도에 맞춰 정확히 던졌는…지는 알 수 없지만, 1992년 이후로 깨지지 않던 맥기의 38회 물수제비 세계 기록을 무려 88회로 갈아치우는 대기록을 수립했다.

2016년에는 한 걸음 더 나아가 유타 주립대학교 기계항공공학과의 태드 트러스콧(Tadd Truscott)이 브라운대학교, 미 해군 수중전투연구센터의 스플래시 랩 팀과 공동 연구를 통해 가변적인 원형 물체를 이용한 물수제비의 메커니즘을 《네이처 커뮤니케이션》에 발표했다.

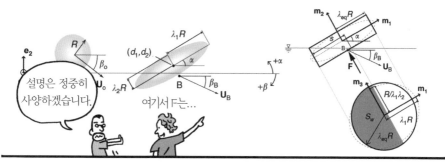

* 출처: Belden, Jesse, et al. "Elastic spheres can walk on water." *Nature communications* 7(2016).

지금도 우리는 어김없이 물가에 서면 돌을 집어 들고 물수제비를 한다. 유전자에 각인된 이 행위는 길고긴 시간을 거슬러 올라 원시 인류와 지금의 우리를 이어 주고 있다.

동전 던지기는
확률이 지배할까?

아날로그 게임의 과학(3)

종이* 와 동전

이 두 가지 발명품은

이런 재질이라면…

대칭의 원반형 주화라…

우리에게 가위바위보와 동전 던지기라는 공평하고 객관적인 최고의 의사 결정 수단을 안겨 주었다.

* 중국에서 유래한 가위바위보는 종이-가위-바위이지만 국내로 유입되며 종이가 보자기로 변형되었다고 보고 있다.

사소한 일에도 사사건건 대립하는 인간이란 생물이 이토록 전 인류적인 수준에서 아무런 불평 없이 두 결정 수단을 받아들였다는 것은 그만큼 공정하고 객관적이라고 판단했기 때문일 것이다.

동전 앞에 평등하다!

그러나 따지기 좋아하는 연구자들은 두 의사 결정 수단이 실제로도 객관적이고 공평하게 작동하는지, 단순한 기분 탓은 아닌지를 연구했고, 결과는 인류의 이마에 깊은 주름을 만들었다.

OH MY GOD!

가위바위보에서는 부정적인 결과를 피하고 어떻게든 패턴을 읽으려는 인간의 본능으로 인해 편향적인 패턴이 발생하고, 이를 이용해 전략을 고안할 수 있다고 보고했다.

420~428쪽을 참고하세요.

그럼 또 다른 축인 동전 던지기는 어떨까?

동전 던지기의 동역학적 메커니즘을 설명하려는 일련의 연구는 1980년대 이후로 여러 차례 진행되었다.

팅

최초로 컴퓨터를 설계한 요한 루트비히 폰 노이만 (John Ludwig von Neumann, 1903~1957)은

앞면, 뒷면, 옆면이 1/3의 같은 확률을 가지기 위해선 동전의 두께가 몇이어야 할까요?

무슨 그런 질문을….

이 사람 설마 진지하게 계산하는 거야?!

그 자리에서 즉각 문제를 풀었다고 전해진다.

그 동전의 측면은 두께를 지름으로 나눈 종횡비(aspect ratio)가 $1/(2\sqrt{2})$ 즉, 0.354이어야 합니다.

진짜로 풀었어!

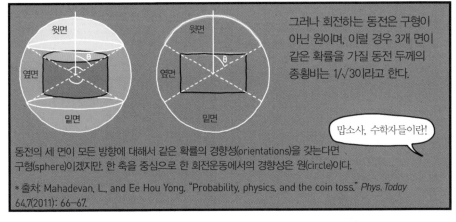

그러나 회전하는 동전은 구형이 아닌 원이며, 이럴 경우 3개 면이 같은 확률을 가질 동전 두께의 종횡비는 1/√30라고 한다.

맙소사, 수학자들이란!

동전의 세 면이 모든 방향에 대해서 같은 확률의 경향성(orientations)을 갖는다면 구형(sphere)이겠지만, 한 축을 중심으로 한 회전운동에서의 경향성은 원(circle)이다.

* 출처: Mahadevan, L., and Ee Hou Yong. "Probability, physics, and the coin toss." *Phys. Today* 64,7(2011): 66–67.

1986년 동전 던지기에서 윗면의 확률을 계산한 조지프 B. 켈러(Joseph B. Keller)는 논문에서, 완전히 대칭이고 두께는 무시할 정도로 작은 동전으로 하나의 축을 기준으로 회전하고 착지 시 튕김(bouncing)이 없다는 가정에 따라 동전 던지기를 했을 때의 결과를 분석했다. 그는 힘차게 회전하는 동전에는 편향이 없으며, 상승 속도와 회전율이 최종 결과를 결정한다고 주장했다. 그의 연구는 그 후 동전 던지기 연구에서 중요한 이정표가 되었다.

* 출처: Keller, Joseph B. "The probability of heads." *The American Mathematical Monthly* 93,3 (1986): 191–197.

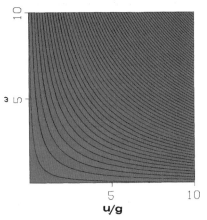

ω=각속도, u=수직 속도, g= 중력 가속도
윗면=파란색, 밑면=빨간색

이것은 이상적인 동전에 관한 모델로, 실제 동전 던지기와는 다르다는 한계가 있습니다.

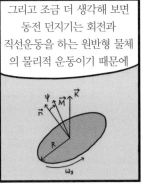

그리고 조금 더 생각해 보면 동전 던지기는 회전과 직선운동을 하는 원반형 물체의 물리적 운동이기 때문에

뉴턴역학의 영향 아래 있습니다.

뉴턴역학, 다시 말해 고전역학에서
물체의 운동은 예측 가능합니다.

그렇다면 우리는 지금까지 어째서
동전 던지기를 결과를 예측할 수 없는,
공정성의 수단으로 사용했던 걸까요?

착!

확률 문제 중에서도 유독 요런 걸(?)
좋아하는 스탠퍼드대학교 통계학 교수
퍼시 디아코니스(Persi Diaconis)는
동전 던지기 연구에 냉큼 뛰어들었다.

전 다음 편에도
등장합니다.

그는 먼저 동전 던지기의 결과가 정말 무작위적인지 아닌지를 살폈다. 디아코니스는 항상 같은
면이 나오게 하는 동전 던지기 기계를 제작했다. 동전 던지기는 전혀 무작위적이지 않았다.

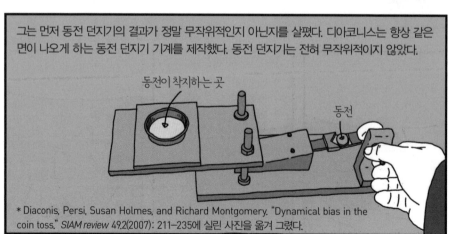

동전이 착지하는 곳

동전

* Diaconis, Persi, Susan Holmes, and Richard Montgomery. "Dynamical bias in the
coin toss." *SIAM review* 49.2(2007): 211–235에 실린 사진을 옮겨 그렸다.

이는 초기 조건을 정확히 설정하면 언제 어디서든 원하는 결과를 얻을 수 있다는 이야기다. 실제로 전문 도박사들은 동전의 중앙을 쳐서 뒤집히는 회전 없이 동전 던지기를 할 수 있다고 한다.

맨눈으로 이런 속임수를 알아차리기란 쉽지 않습니다.

또한 동전 던지기에는 어쩔 수 없는 근본적인 편향이 있다.

시작할 때 놓여 있는 윗면이 나올 확률은 51:50으로 밑면이 나올 확률보다 약간 더 높다.

이는 홀수 짝수의 예에서 쉽게 이해할 수 있다. 수를 1부터 세다가 임의의 시간이 지나 멈췄을 때 홀수가 나올 확률은 짝수가 나올 확률보다 미세하게 높다.

1, 2, 3, 4, 5 ⟶ 홀수의 확률이 높다.

1, 2, 3, 4 ⟶ 홀수와 짝수의 확률은 같다.

동전을 아무리 높게 힘껏 던진다 해도 이 편향은 변하지 않습니다.

디아코니스는 동전을 잡지 않고 바닥에 떨어뜨리는 것도 편향을 일으킨다고 주장한다.

바닥에 떨어진 동전은 옆면을 따라 굴러가거나 회전하는데, 이런 경우 동전의 무게중심이 중요한 변수로 작용한다. 동전 양면 무게는 똑같지 않기 때문에 더 무거운 면 쪽으로 쓰러질 가능성이 높고, 옆면의 깎임에 따라서도 편향이 일어날 수 있기 때문이다.

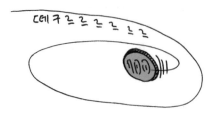

옆면이 깎인 쪽으로 더 쉽게 기울어질 수 있다.

그런데도 동전 던지기는 충분히 객관적이고 공평하다고 볼 수 있습니다.

왜냐하면 동전 던지기는 카오스계(Chaos System)이기 때문입니다.

카오스란 질서도 없고 아무것도 알 수 없는 엉망진창의 세계를 말하는 것이 아니다. 카오스에는 불규칙성의 패턴이 존재한다.

카오스계는 초기 조건에 매우 민감하여 작은 변화가 시간이 지날수록 크게 증폭되어 다른 결과를 초래한다.

결과를 예측하기 위해 알아야 할 초기
조건의 정보가 너무 많으므로 제한된
정보만으로는 아주 짧은 시간만의
결과를 예측할 수 있을 뿐이다.

실제로 던져진 동전은 단순히 하나의 고정된
축으로 회전하는 것이 아니라 축이 움직이는,
세차운동을 한다. 동전을 치는 부분, 튕기는 힘,
공기 저항에 따라 매우 복잡한 운동을 하므로
결과를 정확하게 예측하기 위한 초기 정보량은
엄청나며, 작은 변화에도 결과는 크게 흔들린다.

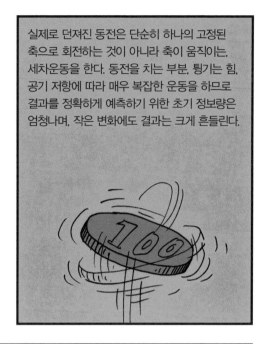

그러므로 힘껏 튕기는 동전 던지기는
여전히 공정한 의사 결정 수단으로
매우 유효하다고 볼 수 있습니다.

더 공정하길 원한다면, 던지기 전 어떤 면이
윗면인지를 숨겨서 던진 후 손으로 잡은 다음
각자 선택 면을 결정하기를 권한다.

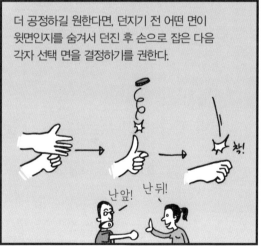

오직 당신이 주의해야 할 것은 라플라스의 악마 같은 도박꾼과의
동전 던지기다. 거기에는 확률도 카오스도 없고 모든 것이 도박꾼의
이익으로 귀결되는 결정론의 세계만이 존재한다.

어떻게 카드를
섞어야 할까?

아날로그 게임의 과학(4)

세상에는 카드를 멋지게 섞는 여러 방법이 있다.

그러나 그런 건 재주꾼들이나 하는 것이고,

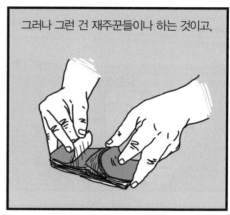

기껏해야 딸아이랑 할리갈리나 하는 나 같은 사람들은 카드를 바닥에 놓고 휘저어 섞을 뿐이다.

아, 귀찮게시리!

아빠, 잘 섞어!

휘적 휘적

아무래도 전문성이 떨어져 보이는 자세 때문인지 이런 방식으로 카드가 제대로 섞이는가 의문스러울 때가 많다. 실제로 잘 섞이지 않았던 경우도 제법 있었다.

잘 안 섞였잖아.

네가 섞던가!

스무싱(Smooshing, 휘젓기)으로는 카드가 제대로 섞이지 않는다고 생각했기 때문에 스무싱을 질 낮은 속임수라고 생각했습니다.

스탠퍼드대학교 통계학 교수, 퍼시 디아코니스

하지만 그럴 거라고 생각하는 것과 실제로 그러한 것은 다릅니다.

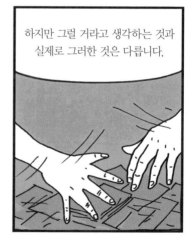

저는 정말로 제대로 안 섞이는지, 잘 섞으려면 얼마나 휘저어야 하는지 알아보기로 했습니다.

휘적 휘적

먼저 이 저명한 대학교수님은 동료들과 함께 15초, 30초, 1분으로 각각 100번의 스무싱을 실시했다. 그런 후 카드가 얼마나 잘 섞였는지, 다시 말해 무작위적으로 되었는지 알아보았다.

거기서 자네도 섞게나.

교수님, 카드 더 사왔습니다.

생물통계학 교수

이를 확인하는 가장 좋은 방법은 52장의 카드가 만들어 낼 수 있는 배열의 모든 가짓수를 조사한 후,

카드 한 벌에서 가능한 배열의 수는 52의 계승입니다.

$1 \times 2 \times 3 \times 4 \times \cdots$
$\cdots \times 50 \times 51 \times 52$

거기서 스무싱한 카드 배열의 빈도수를 체크하는 것이다.

이게 얼마나 큰 수냐면 우리 은하에 존재하는 원자의 수라고 추정되는 수입니다.

그런 방식은 도저히 인간이 할 수 있는 것은 아니었기에,

그는 맨 위쪽에 놓인 카드가 섞은 후 어느 위치에 있고, 얼마나 자주 같은 위치에 있는지, 섞기 전 인접한 카드가 섞은 후에도 계속 나란히 있는지 등 카드 배열의 무작위성을 체크하는 몇 가지 방법을 고안했다.

확인한 결과 15초에서는 턱없이 부족했지만,

30초에서는 그런대로 잘 섞였으며,

1분에서는 충분히 무작위적으로 섞인다는 걸 발견했다.

아마도 30초와 1분의 휘젓기 사이에 무작위성이 폭증하는 순간이 있는 것 같습니다.

약 1만 번 정도 직접 해본다면 더 명확한 데이터를 얻을 수 있을 것 같은데 직접 하는 건 불가능하고…

그래서 종종 중학교나 초등학교 수학 시간을 이용해 국가 단위로 카드 스무싱을 해보는 건 어떨까 생각하곤 합니다.

재밌는 양반일세.
으하 하 하

그는 실제로 '재밌는 양반'이었다.

아…하…하 하 하 하

어려서부터 마술에 빠져 있던 그는 마술사가 되기 위해 열네 살에 집을 나와 당시 유명했던 마술사 다이 버넌을 따라 나섰다.

모든 마술사의 교수라 불리는
다이 버넌(Dai Vernon, 1894~1992)

디아코니스는 카드 트릭을 배우면서 카드에서 나올 수 있는 경우의 수에 대해 고민하기 시작했다. 예를 들어 버넌은 4명에게 카드를 나눠 주면서 자신에게 에이스 카드가 오게 하는 속임수를 가르쳐 주었는데, 디아코니스는 5명과 해도 이 트릭을 쓸 수 있는지 궁금했다.

특히 카지노에서 사용하는 모서리를 깎은 주사위에서 확률이 어떻게 변하는지가 궁금해서 확률과 응용에 관한 교과서를 샀지만, 미적분을 몰라서 읽을 수가 없었다.

이런 호기심들은 마침내 스물네 살이 되던 해 뉴욕 시립대학교 야간 수업에서 수학을 공부하도록 그를 이끌었다. 그는 학비를 벌기 위해 낮에는 마술을 했다.

> 그는 당시 특별한 점이라곤 아무것도 없었습니다. 첫 학기에 고급 미적분학 학점은 C, C, D였다니까요.

그를 가르쳤던 토니
다리스토타일(Tony D'Aristotile)

> 이런 형편없는 수학 실력에 고교 졸업장도 없는 녀석이 통계학을 배우겠다고 하버드대학원에 원서를 냈지 뭡니까. 거참~

> 근데 합격했죠.

그는 어렸을 적 가출(?)하기 전에 과학 잡지 《사이언티픽 아메리칸》의 퍼즐 페이지에서 2개의 카드 트릭에 관해 연재했는데, 이를 인상 깊게 봤던 마틴 가드너가 추천서를 써줬던 것이다.

마틴 가드너(Martin Gardner, 1914~2010)는 유명한 과학 저술가이자 수학자다. 《사이언티픽 아메리칸》에 1956년부터 1981년까지 수학 게임(Mathematical Games) 칼럼을 연재했다.

> 그를 더 지켜볼 필요가 있었습니다.

게다가 당시 하버드대학교의 심사위원이었던 프레드 모스텔러(Fred Mosteller) 역시 마술에 잠깐 손을 댔던 통계학자였다.

3년이 지난 1974년에 디아코니스는 박사과정을 마치고 스탠퍼드대학교 통계학과 교수에 임용되었다.

그 후로 그는 카드를 이용해 확률과 통계학 연구를 거듭했다. 카드 열의 움직임을 이용해 보스—아인슈타인 응축을 분석했고, 카드 섞음(shuffle)을 마르코프 연쇄 몬테카를로 방법(Markov chain Monte Carlo methods)의 알고리듬을 밝히는 데 적용했다. 카드 스무싱은 소용돌이 유체(swirling fluid) 연구와 접목했다.

그의 카드 스무싱 연구는 유체에서 이웃한 입자 사이의 상관관계를 측정하는 데 더 좋은 아이디어를 제공했습니다.

유리 용융을 연구하는 에마뉘엘 괼라르트(Emmanuelle Gouillart)

무슨 뜻이냐고 나한테 묻지 말아 주세요.

그의 독특한 배경은 연구 자세에서도 볼 수 있다. 그는 자신의 연구와 거기서 부딪히는 문제들에 대해 다른 이들과 이야기를 나누는 것에 거리낌이 없었다. 적극적으로 여러 분야의 전문가들을 찾아가 협업을 요청했다.

1996~1998년 코넬대학교에 방문교수로 있었던 디아코니스는 몇 년 동안 서로 이야기하지 않았던 학과 구성원들 사이에 협업을 일으켰다.

스탠퍼드대학교 통계학 부교수이자 그의 아내인 수전 홈스(Susan Holmes)는 마술이라는 그의 배경이 그러한 역할에 이바지한다고 생각한다.

그는 항상 늙은 마술사들과 아이디어를 교환하러 커피숍이나 바에 둘러앉아 있곤 했습니다.

다양한 경험은 한 인간이 지니고 있는 생각의 카드를 랜덤하게 만든다.

퍼시 디아코니스의 독특한 배경은 그를 잘 섞인 카드처럼 만들었다. 그는 정해진 패턴대로만 움직이지 않고, 다른 시각과 유연한 태도로 세상을 탐구했다.

동전 던지기는 정말 무작위적일까요?

팅―

그러나 우리 사회는 모두 똑같은, 완벽하게 짜놓은 한 벌의 카드만을 아이들의 손에 쥐여 주고 있다.

섞지 않은 카드 게임은 지루하고 뻔한 결과만 존재할 뿐이다.

의학

3D 게임

Allen, Brian, et al., "Visual 3D motion acuity predicts discomfort in 3D stereoscopic environments," *Entertainment Computing* 13 (2016): 1-9.

B. Mason, "Virtual reality has a motion sickness problem," *Science News*, March 7, 2017, https://www.sciencenews.org/article/virtual-reality-has-motion-sickness-problem?mode=magazine&context=192873.

B. Mason, "Virtual reality raises real risk of motion sickness," *Science News*, January 21, 2017, https://www.sciencenews.org/article/virtual-reality-raises-real-risk-motion-sickness.

Hromatka, Bethann S., et al., "Genetic variants associated with motion sickness point to roles for inner ear development, neurological processes and glucose homeostasis," *Human molecular genetics* 24.9 (2015): 2700-2708.

Julie Beck, "The Mysterious Science of Motion Sickness," *The Atlantic*, February 17, 2015, https://www.theatlantic.com/health/archive/2015/02/the-mysterious-science-of-motion-sickness/385469/.

Melissa Gaskill, "Motion Sickness Treatments Make Waves," *Scientific American*, September 3, 2011. https://www.scientificamerican.com/article/motion-sickness-treatment/.

Munafo, Justin, Meg Diedrick, and Thomas A. Stoffregen, "The virtual reality head-mounted display Oculus Rift induces motion sickness and is sexist in its effects," *Experimental brain research* 235.3 (2017): 889-901.

Sutherland, Ivan E., "A head-mounted three dimensional display," Proceedings of the December 9-11, 1968, fall joint computer conference, part I. 1968.

월드 오브 워크래프트

Lofgren, Eric T., and Nina H. Fefferman, "The untapped potential of virtual game worlds to shed light on real world epidemics," *The Lancet infectious diseases* 7.9 (2007): 625-629.

Tali Aronsky, "Virtual Epidemic, Real-Life Scenarios," CBS NEWS, August 21, 2007, http://www.cbsnews.com/news/virtual-epidemic-real-life-scenarios/.

고광일, 〈전염병 확산과 통계물리학〉, 《과학과 사회》, 2020.9.11, https://horizon.kias.re.kr/15388/?fbclid=IwAR0Nx-c2zlhPd8OQLeZxEwjo0QOb00Tt4oLFnK1teNtD0tS3ONhQ76fwyHI.

가상현실 게임

Andrea Downey, "Alder Hey uses HoloLens for greater collaboration during Covid-19," *Digital Health*, September 1, 2020, https://www.digitalhealth.net/2020/09/alder-hey-uses-hololens-for-greater-collaboration-during-covid-19/.

James Tapper, "London hospital starts virtual ward rounds for medical students," Guardian, July 4, 2020, https://www.theguardian.com/society/2020/jul/04/london-hospital-starts-virtual-ward-rounds-for-medical-students.

Jane E. Brody, "Virtual Reality as Therapy for Pain," *New York Times*, April 29, 2019, https://www.nytimes.com/2019/04/29/well/live/virtual-reality-as-therapy-for-pain.html.

Hoffman, Hunter G., et al., "Virtual reality helmet display quality influences the magnitude of virtual reality analgesia," *The Journal of Pain*

7.11(2006): 843-850.

Li, Angela, et al. "Virtual reality and pain management: current trends and future directions." Pain management 1.2 (2011): 147-157.

Lier, E. J., et al., "The effect of Virtual Reality on evoked potentials following painful electrical stimuli and subjective pain," *Scientific Reports* 10.1(2020): 1-8.

Marla Milling, "Virtual Reality Emerging As Effective Pain Management Tool," *Forbes*, May 26, 2020, https://www.forbes.com/sites/marlamilling/2020/05/26/virtual-reality-emerging-as-effective-pain-management-tool/?sh=721145f527e7.

Mike Scott, "HoloAnatomy goes remote, learning goes on during pandemic," *Daily*, April 6, 2020, https://thedaily.case.edu/holoanatomy-goes-remote-learning-goes-on-during-pandemic/.

Sato, Kenji, et al., "Nonimmersive Virtual Reality Mirror Visual Feedback Therapy and Its Application for the Treatment of Complex Regional Pain Syndrome: An Open–Label Pilot Study," *Pain medicine* 11.4 (2010): 622-629.

Spiegel, Brennan, et al., "Virtual reality for management of pain in hospitalized patients: A randomized comparative effectiveness trial," *PloS one* 14.8 (2019): e0219115.

멜러니 선스트럼, 노승영 옮김, 《통증연대기》, 에이도스, 2010.

디비전

Dayna Kerecman Myers, "Clade X: A Mock, Yet Entirely Plausible, Pandemic," *Global Health Now*, May 22, 2018, https://www.globalhealthnow.org/2018-05/cladex-mock-yet-entirely-plausible-pandemic

Debora MacKenzie, "Plague! How to prepare for the next pandemic," *New Scientist*, February 22, 2017, https://www.newscientist.com/article/mg23331140-400-plague-how-to-prepare-for-the-next-pandemic/.

Kevin Loria, "A leading medical institution created a simulation that shows how a new disease could kill 900 million people—and it reveals how unprepared we are," *Business Insider*, July 29, 2018, https://www.businessinsider.com/pandemic-virus-simulation-johns-hopkins-shows-vulnerability-2018-7.

Nicola Twilley, "The Terrifying Lessons of a Pandemic Simulation," *Newyoker*, June 1, 2018, https://www.newyorker.com/science/elements/the-terrifying-lessons-of-a-pandemic-simulation.

Sonia Ahah, "The fight against infectious diseases is still an uphill battle," *Science News*, December 14, 2016, https://www.sciencenews.org/article/infectious-diseases-sonia-shah.

갓 오브 워

Dara Mohammadi, Nicola Davis, "Can this woman cure ageing with gene therapy?," *Guardian*, July 24, 2016, https://www.theguardian.com/science/2016/jul/24/elizabeth-parrish-gene-therapy-ageing.

Hesman Saey, "A healthy old age may trump immortality," *Science News*, July 13, 2016, https://www.sciencenews.org/article/healthy-old-age-may-trump-immortality.

인왕 2

Diana Kwon, "Fight or Flight May Be in Our Bones," *Scientific American*, September 12, 2019, https://www.scientificamerican.com/article/fight-or-flight-may-be-in-our-bones/.

Grant Bailey, "Playing video games is a key strategy for coping with stress, study finds," *Independent*, February 9, 2018, https://www.independent.co.uk/life-style/video-games-stress-playing-strategy-key-gamers-study-a8202541.html.

Helen Thomson, "Don't stress: The scientific secrets of people who keep cool heads," *New Scientist*, February 19, 2020, https://www.newscientist.com/article/mg24532700-600-dont-stress-the-scientific-secrets-of-people-who-keep-cool-heads/.

Human Factors and Ergonomics Society, "Feeling stressed during the workday? Playing video games may help," *ScienceDaily*, July 25, 2017, https://www.sciencedaily.com/releases/2017/07/170725100704.htm.

Knvul SheikhJan, "Stress Really Does Make Hair Go Gray Faster," *New York Times*, January 22, 2020, https://www.nytimes.com/2020/01/22/science/gray-hair-stress.html.

Nicoletta Lanese, "Fight or Flight: The Sympathetic Nervous System," *Live science*, May 09, 2019, https://www.livescience.com/65446-sympathetic-nervous-system.html.

Shayla A. Clark, Christopher D. Deppmann, "How the stress of fight or flight turns hair white," *Nature*, January 22, 2020, https://www.nature.com/articles/d41586-019-03949-8.

생물학

과학과 게임의 협력

"Behind the Scenes of Foldit, Pioneering Science Gamification," *American Scientist*, http://www.americanscientist.org/science/pub/behind-the-scenes-of-foldit-pioneering-science-gamification.

Hand, Eric, "People power," *Nature* 466.7307(2010): 685-687.

John Bohannon, "Gamers Unravel the Secret Life of Protein," *Wired*, April 20, 2009, http://www.wired.com/2009/04/ff-protein/

스타더스트앳홈의 홈페이지, http://aerogel.ssl.berkeley.edu/ss_tutorial_start.php.

신인철, 《분자세포생물학》, 마리기획, 2015, 26~32쪽.

라스트 오브 어스

de Bekker, Charissa, et al., "Species-specific ant brain manipulation by a specialized fungal parasite," *BMC evolutionary biology* 14.1 (2014): 166.

Hughes, David P., Torsten Wappler, and Conrad C. Labandeira, "Ancient death-grip leaf scars reveal ant-fungal parasitism," *Biology letters* 7.1

(2011): 67-70.

Hughes, David P., et al., "Behavioral mechanisms and morphological symptoms of zombie ants dying from fungal infection," *BMC ecology* 11.1 (2011): 13.

Shang, Yanfang, Peng Feng, and Chengshu Wang, "Fungi that infect insects: altering host behavior and beyond," *PLoS Pathog* 11.8 (2015): e1005037.

지구방위군 5

Brunetta, Leslie, Craig, Catherine L., *Spider Silk: Evolution and 400 Million Years of Spinning, Waiting, Snagging, and Mating*, Yale University Press, 2010.

Cowles, Jillian, *Amazing Arachnids*, Princeton University Press, 2018.

Foelix, Rainer F., *Biology of spiders* 3rd ed, Oxford University Press, 2011.

레드 데드 리뎀션 2

Bob Holmes, "Are the wild horses of the American west native?," *New Scientist*, June 15, 2011, https://www.newscientist.com/article/mg21028174-300-are-the-wild-horses-of-the-american-west-native/.

Emily Underwood, "How horses lost their toes," *Science News*, August 28, 2017, https://www.sciencenews.org/article/how-horses-lost-their-toes.

Francis Haines, "How The Indian Got The Horse," *American Heritage*, February 1964, https://www.americanheritage.com/content/how-indian-got-horse.

Jay F. Kirkpatrick, Patricia M. Fazio, "The Surprising History of America's Wild Horses," *Live Science*, July 24, 2008, https://www.livescience.com/9589-surprising-history-america-wild-horses.html.

Luke Dunning, "How the horse can help us answer one of evolution's biggest questions," Phy.org, February 13, 2017, https://phys.org/news/2017-02-horse-evolution-biggest.html.

Morris, Eric, "From horse power to horsepower," *Access Magazine* 1.30 (2007): 2-10, https://www.accessmagazine.org/spring-2007/horse-power-horsepower/.

Tina Hesman Saey, "DNA evidence is rewriting domestication origin stories," *Science News*, July 6, 2017, https://www.sciencenews.org/article/dna-evidence-rewriting-domestication-origin-stories.

스파이더맨

Aimee Cunningham, "Taken for a Spin," *Science News*, April 10, 2007, https://www.sciencenews.org/article/taken-spin?mode=magazine&context=189871.

David J Dunstan And Dabiao Liu, "Why abseiling spiders don't spin out of control—new research," Phys.org, August 9, 2017, https://phys.org/news/2017-08-abseiling-spiders-dont-controlnew.html.

Liu, Dabiao, et al., "Peculiar torsion dynamical response of spider dragline silk," Applied Physics Letters 111.1 (2017): 013701.

양병찬, 〈거미의 생물학 완전정복〉, Bric, 2017.10.23, http://www.ibric.org/myboard/read.php?id=287860&Page=&Board=news.

캐서린 풀보디

Anahad O'Connorfeb, "The Claim: Counting Sheep Helps You Fall Asleep," *New York Times*, February 16, 2016, https://www.nytimes.com/2010/02/16/health/16real.html.

Banks, Martin S., et al., "Why do animal eyes have pupils of different shapes?," *Science advances* 1.7 (2015): e1500391.

Brittany Gibson, "Here's Why People Started Counting Sheep to Fall Asleep," *Reader's Digest*, December 07, 2017, https://www.rd.com/culture/counting-sheep/.

Chris Riotta, "Baphomet statue: How Satanic worshippers are using a goat-headed creature against conservative Arkansas Christians," *Independent*, August 17, 2018, https://www.independent.co.uk/news/world/americas/baphomet-satanic-temple-arkansas-beliefslittle-rock-jason-rapert-statue-ten-commandments-a8496726.html.

Jamie Ducharme, "The Satanic Temple Protested a Ten Commandments Monument in Arkansas With Its Baphomet Statue," *Time*, August 18, 2018, https://time.com/5370989/satanic-temple-arkansas/.

James Morgan, "Decoding the symbols on Satan's statue," BBC News, July 31, 2015, https://www.bbc.com/news/magazine-33682878.

Jeffrey Bloomer, "Why Are Goats Associated With the Devil, Like Black Phillip in The Witch?," *Slate*, February 26, 2016, https://slate.com/culture/2016/02/goats-and-the-devil-origins-black-phillip-in-the-witch-isnt-alone.html.

Richard Pérez-Peña, "Oklahoma Removes Ten Commandments Monument," *New York Times*, October 6, 2015, https://www.nytimes.com/2015/10/07/us/oklahoma-removes-ten-commandments-monument.html.

Sarah Yang, "Pupil shape linked to animals' place in ecological web," Media Relations, August 7, 2015, https://news.berkeley.edu/2015/08/07/pupil-shape-and-ecological-niche/.

용과 같이 7

Brett Harvey, "Ice Guardians," *Netflix*, 2016.

Jake Buehler, "Flipping a molecular switch can turn warrior ants into foragers," *Science News*, November 12, 2019, https://www.sciencenews.org/article/flipping-molecular-switch-can-turn-warrior-ants-into-foragers.

Jeffrey M. Perkel, "Researchers Grow 'Frankenstein Ants' to Study Epigenetics," *Scientist*, September 30, 2016, https://www.the-scientist.com/notebook/researchers-grow-frankenstein-ants-to-study-epigenetics-32759.

Penick, Clint A., Jürgen Liebig, and Colin S. Brent, "Reproduction, dominance, and caste: endocrine profiles of queens and workers of the ant Harpegnathos saltator," *Journal of Comparative Physiology A* 197.11 (2011): 1063.

University of Pennsylvania School of Medicine, "Epigenetic pathway controls social behavior in carpenter ants," *ScienceDaily*, November 12, 2019, https://www.sciencedaily.com/releases/2019/11/1911121140 03.htm

Wheeler, William Morton, "The physiognomy of insects," *The Quarterly Review of Biology* 2.1 (1927): 1-36.

고고학

언차티드

데이비드 그랜, 박지영 옮김,《잃어버린 도시 Z》, 홍익출판사, 2017.

로베르 솔레, 이상빈 옮김,《나폴레옹 이집트 원정기: 백과전서의 여행》, 아테네, 2013.

브라이언 페이건, 성춘택 옮김,《고고학의 역사》, 소소의 책, 2019.

앤드루 로빈슨, 최효은 옮김,《로스트 랭귀지》, 이지북, 2007.

저니

Fall, Abdoulaye, et al., "Sliding friction on wet and dry sand," *Physical review letters* 112.17 (2014): 175502.

Kara, E. Mostefa, Mourad Meghachou, and Nabil Aboubekr, "Contribution of particles size ranges to sand friction," *Engineering, Technology & Applied Science Research* 3.4 (2013): 497-501.

Liefferink, R. W., B. Weber, and D. Bonn, "Ploughing friction on wet and dry sand," *Physical Review* E 98.5 (2018): 052903.

Louati, Haithem, Driss Oulahna, and Alain de Ryck, "Effect of the particle size and the liquid content on the shear behaviour of wet granular material," *Powder Technology* 315 (2017): 398-409.

Michael Nosonovsky, "'Carrying Water by the House of Eternity' or Again about Djehutihotep's tomb painting of "earliest water lubrication"," University of Wisconsin-Milwaukee, November 5, 2017, https://sites. uwm.edu/nosonovs/2017/11/05/about-djehutihotep/.

Pakpour, Maryam, et al., "How to construct the perfect sandcastle,"

Scientific reports 2.1 (2012): 1-3.

어쌔신 크리드: 오리진

"About 'Scanpyramids'," http://www.scanpyramids.org/assets/
components/pyramids/pdfs/About_ScanPyramids-en.pdf.

Brier, Bob, "How to build a pyramid," *Archaeology* 60.3 (2007): 22-27.

Jo Marchant, "Cosmic-Ray Particles Reveal Secret Chamber in Egypt's
Great Pyramid," *Scientific American*, November 2, 2017, https://www.
scientificamerican.com/article/cosmic-ray-particles-reveal-secret-
chamber-in-egypts-great-pyramid/.

Michael Greshko, "Mysterious Void Discovered in Egypt's Great
Pyramid," *National Geographic*, November 2, 2017, https://news.
nationalgeographic.com/2017/11/great-pyramid-giza-void-
discovered-khufu-archaeology-science/.

Morishima, Kunihiro, et al., "Discovery of a big void in Khufu's Pyramid
by observation of cosmic-ray muons," *Nature* 552.7685(2017): 386-
390.

정신의학

헤일로 3

Caitlin Dewey, "Men who harass women online are quite literally losers,
new study finds," *The Washington Post*, 20 July, 2015, https://www.
washingtonpost.com/news/the-intersect/wp/2015/07/20/men-
who-harass-women-online-are-quite-literally-losers-new-study-
finds/.

Kasumovic, Michael M., and Jeffrey H. Kuznekoff, "Insights into sexism:
Male status and performance moderates Female-Directed hostile
and amicable behaviour," *PloS one* 10.7 (2015): e0131613.

Matt Kamen, "Skilled female gamers at risk of harassment from inferior
men," *Wired*, 17 July, 2015, https://www.wired.co.uk/article/women-
more-likely-to-receive-online-harrassment-in-games.

헬블레이드: 세누아의 희생

Ashok, Ahbishekh Hulegar, John Baugh, and Vikram K. Yeragani, "Paul Eugen Bleuler and the Origin of the Term Schizophrenia (SCHIZOPRENIEGRUPPE)," *Indian Journal of Psychiatry* 54.1 (2012): 95-96. PMC. Web. 19 Dec. 2017.

Bruce Bower, "Visions For All," *Science News*, March 23, 2012, https://www.sciencenews.org/article/visions-all.

Clare Wilson, "Rethinking schizophrenia: Taming demons without drugs," *New Scientist*, February 6, 2014, https://www.newscientist.com/article/2074244-rethinking-schizophrenia-taming-demons-without-drugs/.

Helen Thomson, "You are hallucinating right now to make sense of the world," *New Scientist*, November 2. 2016, https://www.newscientist.com/article/mg23230980-400-you-are-hallucinating-right-now-to-make-sense-of-the-world/.

Jennifer Cheang, "How A Video Game Could Change The Way We Think About Mental Health," *Mental Health America*, https://www.mhanational.org/blog/how-video-game-could-change-way-we-think-about-mental-health.

Knvul Sheikh, "Do You Hear What I Hear? Auditory Hallucinations Yield Clues to Perception," *Scientific American*, August 10, 2017, https://www.scientificamerican.com/article/do-you-hear-what-i-hear-auditory-hallucinations-yield-clues-to-perception/.

Leff, Julian, et al., "Computer-assisted therapy for medication-resistant auditory hallucinations: proof-of-concept study," *The British Journal of Psychiatry* 202.6(2013): 428-433.

Maev Kennedy, "Senua, Britain's unknown goddess unearthed," *Guardian*, September 1, 2003, https://www.theguardian.com/uk/2003/sep/01/arts.highereducation.

Sara Reardon, "Geneticists are starting to unravel evolution's role in mental illness," *Nature*, October 30, 2017, http://www.nature.com/news/geneticists-are-starting-to-unravel-evolution-s-role-inmental-illness-1.22914.

레지던트 이블 7

Adolphs, Ralph, et al., "Fear and the human amygdala," *Journal of Neuroscience* 15.9 (1995): 5879-5891.

De Martino, Benedetto, Colin F. Camerer, and Ralph Adolphs, "Amygdala damage eliminates monetary loss aversion," *Proceedings of the National Academy of Sciences* 107.8 (2010): 3788-3792.

Feinstein, Justin S., et al., "Fear and panic in humans with bilateral amygdala damage," *Nature neuroscience* 16.3 (2013): 270-272.

Mo Costandi, "Researchers scare 'fearless' patients," *Nature*, February 03, 2013, http://www.nature.com/news/researchers-scare-fearless-patients-1.12350.

Sprengelmeyer, Reiner, et al., "Knowing no fear," *Proceedings of the Royal Society of London B: Biological Sciences* 266.1437 (1999): 2451-2456.

제프리 잭스 , 양병찬 옮김,《영화는 우리를 어떻게 속이나》, 생각의 힘, 2015.

포켓몬고

Althoff, Tim, Ryen W. White, and Eric Horvitz, "Influence of Pokémon Go on physical activity: Study and implications," *Journal of Medical Internet Research* 18.12(2016).

Howe, Katherine B., et al., "Gotta catch'em all! Pokémon GO and physical activity among young adults: difference in differences study," *bmj* 355 (2016): i6270.

LeBlanc, Allana G., and Jean-Philippe Chaput, "Pokémon Go: A game changer for the physical inactivity crisis?," *Preventive Medicine*(2016).

Nicola Davis, "Pokémon Go boosts exercise levels – but only for a short period, says study," *Guardian*, Dec 1, 2017, https://www.theguardian.com/technology/2016/dec/13/pokemon-go-boosts-exercise-levels-but-only-for-a-short-period-says-study.

Vandewater, Elizabeth A., Mi-suk Shim, and Allison G. Caplovitz, "Linking obesity and activity level with children's television and video game use," *Journal of adolescence* 27.1 (2004): 71-85.

Wong, Fiona Y., "Influence of Pokémon Go on physical activity levels of university players: a cross-sectional study," *International journal of health geographics* 16.1 (2017): 8.

데스 스트랜딩

Alexandra Samuel, "Yes, Smartphones Are Destroying a Generation, But Not of Kids," *Jstor Daily*, August 8, 2017, https://daily.jstor.org/yes-smartphones-are-destroying-a-generation-but-not-of-kids/.

Angus Chen, "Social Notworking: Is Generation Smartphone Really More Prone to Unhappiness?," *Scientific American*, December 13, 2017, https://www.scientificamerican.com/article/social-notworking-is-generation-smartphone-really-more-prone-to-unhappiness/.

Clare Wilson, "Is modern life making today's teenagers more depressed?," *New Scientist*, November 1, 2017, https://www.newscientist.com/article/mg23631503-200-is-modern-life-making-todays-teenagers-more-depressed/.

Jean M. Twenge, "Have Smartphones Destroyed a Generation?," *Atlantic*, Septamber, 2017, https://www.theatlantic.com/magazine/archive/2017/09/has-the-smartphone-destroyed-a-generation/534198/.

Lydia Denworth, "Social Media Has Not Destroyed A Generation," *Scientific American*, November 1, 2019, https://www.scientificamerican.com/article/social-media-has-not-destroyed-a-generation/.

과학사

셜록 홈즈: 악마의 딸

Jennifer Keishin Armstrong, "How Sherlock Holmes changed the world," BBC. January 6, 2016, http://www.bbc.com/culture/story/20160106-how-sherlock-holmes-changed-the-world.

Key, J. D., and A. E. Rodin, "Medical reputation and literary creation: an

essay on Arthur Conan Doyle versus Sherlock Holmes 1887-1987,"
Adler Museum Bulletin 13.2 (1987): 21-25.

Reed, James, "A medical perspective on the adventures of Sherlock
Holmes," *Medical humanities* 27.2 (2001): 76-81.

Westmoreland, Barbara F., and Jack D. Key, "Arthur Conan Doyle, Joseph
Bell, and Sherlock Holmes. A neurologic connection," *Arch Neurol*
48.3 (1991): 325-9.

몬스터 헌터: 월드

Douglas Main, "How Bomb Tests Could Date Elephant Ivory," *Live Science*,
July 01, 2013, https://www.livescience.com/37882-elephant-tusks-
ivory-radiation-age.html.

Harriet Ritvo, "Destroyers and Preservers - Big Game in the Victorian
Empire," *History Today*, January 1, 2002, https://www.historytoday.
com/harriet-ritvo/destroyers-and-preservers-big-game-victorian-
empire.

Mary Kate Robbett, "Imitation Ivory and the Power of Play," *Smithonian*,
February 26, 2018, http://invention.si.edu/imitation-ivory-and-
power-play.

Tim Harford, "How plastic became a victim of its own success,"
BBC News, September 25, 2017, https://www.bbc.com/news/
business-41188462.

그래비티 러시

Alex Klotz, "Roger Babson's Anti-Gravity Contest," *Physics Forums*, April
25, 2016, https://www.physicsforums.com/insights/roger-babsons-
anti-gravity-contest/.

George Johnson, "Still Exerting a Hold on Science," *New York Times*, June
23, 2014, https://www.nytimes.com/2014/06/24/science/defying-
gravity-a-businessman-helped-to-understand-it.html?_r=0.

Natalie Wolchover, "How One Man Waged War Against Gravity,"
Papular Science, March 15, 2011, http://www.popsci.com/science/

article/2011-03/gravitys-sworn-enemy-roger-babson-and-gravity-research-foundation.

메리 로치, 김혜원 옮김, 《우주 다큐》, 세계사, 2012.

로저 뱁슨 위키피디아, http://en.wikipedia.org/wiki/Roger_Babson.

로저 뱁슨 인물정보, http://capeannonline.yuku.com/topic/5062/History-Corner-Roger-Babson-s-Gravity-Research-Foundation#.UPY88qGL I5A

중력연구재단, http://www.gravityresearchfoundation.org/origins.html.

플래그 테일: 이노센스

뤼시앵 페브르·앙리 장 마르탱, 강주헌·배영란 옮김, 《책의 탄생》, 돌베개, 2014.

브루스 T. 모런, 최애리 옮김, 《지식의 증류》, 지호, 2006.

컨트롤

Benedict Carey, "A Princeton Lab on ESP Plans to Close Its Doors," February 10, 2007, https://www.nytimes.com/2007/02/10/science/10princeton.html.

Benjamin Radford, "ESP & Psychic Powers: Claims Inconclusive," *Live Science*, October 09, 2012, https://www.livescience.com/23852-esp-psychic-powers.html.

Brianna Nofil, "The CIA's Appalling Human Experiments With Mind Control," History, https://www.history.com/mkultra-operation-midnight-climax-cia-lsd-experiments.

Noah Shacchtman, "Psychic Commanders, ESP Pigeons in Military Studies," *Wired*, June 28, 2007, https://www.wired.com/2007/06/psychokinesis-a/.

Peter Aldhous, "Journal rejects studies contradicting precognition," *New Scientist*, May 5, 2011, https://www.newscientist.com/article/dn20447-journal-rejects-studies-contradicting-precognition/.

Peter Aldhous, "Is this evidence that we can see the future?," *New Scientist*, November 11, 2010, https://www.newscientist.com/article/dn19712-is-this-evidence-that-we-can-see-the-future/.

Philip Ball, "When research goes PEAR-shaped," *Nature*, February 13, 2007, https://www.nature.com/news/2007/070212/full/070212-6.html.

Sarah Pruitt, "The CIA Recruited 'Mind Readers' to Spy on the Soviets in the 1970s," *History*, October 17, 2018, https://www.history.com/news/cia-esp-espionage-soviet-union-cold-war.

Stephanie Pappas, "Controversial Psychic Ability Claim Doesn't Hold up in New Experiments," *Live Science*, March 14, 2012, https://www.livescience.com/19058-controversial-psychic-finding-fails.html.

디 오더 1886

Brian Bowers, "The Rise of the Electricity Supply Industry," *History Today*, March 3, 1972, https://www.historytoday.com/archive/rise-electricity-supply-industry.

Jon Henley, "Life before artificial light," *Guardian*, October 31, 2009, https://www.theguardian.com/lifeandstyle/2009/oct/31/life-before-artificial-light.

질 존스, 이충환 옮김,《빛의 제국》, 양문, 2006.

과학 기술

마인크래프트

Abel, David, et al., "Goal-based action priors," Twenty-Fifth International Conference on Automated Planning and Scheduling, 2015.

Ackerman, Evan, Guizzo, Erico, "DARPA Robotics Challenge Finals: Rules and Course," *Spectrum*, June 5, 2015, https://spectrum.ieee.org/automaton/robotics/humanoids/drc-finals-course.

Kevin Stacey, "Using Minecraft to unboggle the robot mind," phy.org, June 8, 2015, http://phys.org/news/2015-06-minecraft-unboggle-robot-mind.html

Victoria Woollaston, "How MINECRAFT is teaching robots to do the laundry: Complex 'thought' processes needed for game help machines learn skills," *DailyMail* online, July 13, 2015, http://www. dailymail.co.uk/sciencetech/article-3159481/How-MINECRAFT-teaching-robots-laundry-Complex-thought-processes-needed-game-help-machines-learn-skills.html.

Wikipedia, https://en.wikipedia.org/wiki/DARPA_Robotics_Challenge

전승민, 《휴보, 세계 최고의 재난구조로봇》, 예문당, 2017.

호라이즌 제로 던

Haldane, Duncan W., et al., "Robotic vertical jumping agility via series-elastic power modulation," *Science Robotics* 1.1(2016): eaag2048.

Koh, Je-Sung, et al., "Jumping on water: Surface tension-dominated jumping of water striders and robotic insects," *Science* 349.6247 (2015): 517-521.

Ramezani, Alireza, Soon-Jo Chung, and Seth Hutchinson, "A biomimetic robotic platform to study flight specializations of bats," *Science Robotics* 2.3 (2017): eaal2505.

"Robotic insect mimics Nature's extreme moves," *Science Daily*, July 30, 2015, https://www.sciencedaily.com/releases/2015/07/150730162446. htm.

테어어웨이: 언폴디드

Beth Jensen, "Into the Fold," *Smithsonian Magazine*, June 2007, https://www. smithsonianmag.com/science-nature/into-the-fold-154535844/)

Elizabeth Lee, "Ancient Origami Art Becomes Engineers' Dream in Space," VOA, October 26, 2017, https://www.voanews.com/a/ancient-origami-art-bcomes-engineers-dream-space/4086041.html.

Lang, Robert J., "Mathematical algorithms for origami design," *Symmetry: Culture and Science* 5.2 (1994): 115-152.

Lang, Robert J., "Mathematical Methods in Origami Design," *Bridges 2009: Mathematics, Music, Art, Architecture, Culture*, (2009): 11-20.

Li, Shuguang, et al., "A Vacuum-driven Origami 'Magic-ball' Soft Gripper," (2019).

Marcus Woo, "The Atomic Theory of Origami," *Quanta Magazine*, October 31, 2017, https://www.quantamagazine.org/the-atomic-theory-of-origami-20171031/.

Nishiyama, Yutaka, "Miura folding: Applying origami to space exploration," *International Journal of Pure and Applied Mathematics* 79.2 (2012): 269-279.

Samantha Mathewson, "Origami in Orbit: Ancient Art Inspires Efficient Spacecraft," *Space*, November 16, 2017, https://www.space.com/38787-origami-inspires-compact-space-equipment.html.

디트로이트

"iRobot's PackBot on the front lines," *Phys.org*, February 24, 2006, https://phys.org/news/2006-02-irobot-packbot-front-lines.html.

Lee, Min Kyung, et al., "Ripple effects of an embedded social agent: a field study of a social robot in the workplace," *Proceedings of the SIGCHI Conference on Human Factors in Computing Systems*, 2012.

Megan Garber, "Funerals for Fallen Robots," *Atlantic*, September 21, 2013, https://www.theatlantic.com/technology/archive/2013/09/funerals-for-fallen-robots/279861/.

Nadia Gilani, "Soldiers in mourning for robot that defused 19 bombs after it is destroyed in blast," *Mail Online*, January 4, 2012, http://www.dailymail.co.uk/sciencetech/article-2081437/Soldiers-mourn-iRobot-PackBot-device-named-Scooby-Doo-defused-19-bombs.html.

고스트 리콘: 브레이크 포인트

Andrew Wheeler, "Drone Wars: Gremlins Versus the Kremlin," *Engineering*, March 08, 2019, https://www.engineering.com/Hardware/ArticleID/18715/Drone-Wars-Gremlins-Versus-the-Kremlin.aspx.

"DARPA Reveals Details of CODE Program," *USA Vision*, March 25, 2019, https://www.uasvision.com/2019/03/25/darpa-reveals-details-ofcode-program/.

James Rogers, "The Origins of Drone Warfare," *History Today*, March 28, 2018, https://www.historytoday.com/history-matters/origins-drone-warfare.

Jimmy Stamp, "Unmanned Drones Have Been Around Since World War I," *Smithsonian Magazine*, February 12, 2013, https://www.smithsonian mag.com/arts-culture/unmanned-drones-have-been-around-since-world-war-i-16055939/.

Joseph Trevithick, "Air Force's XQ-58A Valkyrie Drone Suffers Damage After Third Flight Test," *Drive*, October 10, 2019, https://www.thedrive.com/the-war-zone/30333/air-forces-xq-58a-valkyrie-drone-suffers-damage-after-third-flight-test.

Joseph Trevithick, "Tests For DARPA's Gremlins Drones Are All Laid Out But May Be Headed To New Venue," *The Drive*, October 9, 2019, https://www.thedrive.com/the-war-zone/30260/tests-for-darpas-gremlins-drones-are-all-laid-out-but-may-be-headed-to-new-venue.

Kyle MizokamiJan, "The Pentagon's Autonomous Swarming Drones Are the Most Unsettling Thing You'll See Today," *Popular Mechanics*, September 2017, https://www.popularmechanics.com/military/aviation/a24675/pentagon-autonomous-swarming-drones/.

McCullough, "The Looming Swarm," Airforce, April 2019, http://www.airforcemag.com/MagazineArchive/Pages/2019/April%202019/The-Looming-Swarm.aspx.

Natasha Turak, "How Saudi Arabia failed to protect itself from drone and missile attacks despite billions spent on defense systems," CNBC, September 23, 2019, https://www.cnbc.com/2019/09/19/how-saudi-arabia-failed-to-protect-itself-from-drones-missile-attacks.html.

Robbie Gonzalez, "How a Flock of Drones Developed Collective Intelligence," Wired, July 18, 2018, https://www.wired.com/story/how-a-flock-of-drones-developed-collective-intelligence/.

Thomas McMullan, "How swarming drones will change warfare," BBC

News. March 16, 2019, https://www.bbc.com/news/technology-47555588.

Vásárhelyi, Gábor, et al., "Optimized flocking of autonomous drones in confined environments," *Science Robotics* March 20, 2018.

니어 오토마타

Guéguen, Nicolas, "High heels increase women's attractiveness," *Archives of sexual behavior* 44.8 (2015): 2227-2235.

Linder, Marc, and Charles L. Saltzman, "A history of medical scientists on high heels," *International Journal of Health Services* 28.2(1998): 201-225.

Morris, Paul H., et al., "High heels as supernormal stimuli: How wearing high heels affects judgements of female attractiveness," *Evolution and Human Behavior* 34.3 (2013): 176-181.

"The Ancient Origins of High Heels–Once an Essential Accessory for Men," *Ancient Origins*, November 15, 2014, http://www.ancient-origins.net/history/ancient-origins-high-heels-once-essential-accessory-men-00232.

William Kremer, "Why did men stop wearing high heels?," BBC, January 25, 2013, http://www.bbc.com/news/magazine-21151350.

아날로그 게임의 과학

아날로그 게임의 과학(1)

Abe, Hiroshi, and Daeyeol Lee, "Distributed coding of actual and hypothetical outcomes in the orbital and dorsolateral prefrontal cortex," *Neuron* 70.4(2011): 731-741.

Cook, Richard, et al., "Automatic imitation in a strategic context: players of rock–paper–scissors imitate opponents' gestures," *Proceedings of the Royal Society of London B: Biological Sciences* (2011): rspb20111024.

Dyson, Benjamin James, et al., "Negative outcomes evoke cyclic irrational decisions in Rock, Paper, Scissors," *Scientific reports* 6(2016).

Katharine Schwab, "A Cultural History of Rock-Paper-Scissors," *Atlantic*, December 23, 2015, https://www.theatlantic.com/entertainment/archive/2015/12/how-rock-paper-scissors-went-viral/418455/.

Natalie Wolchover, "Science shows you how to win at 'Rock, Paper, Scissors'," *Today*, August 17, 2011, http://www.today.com/id/44162400/ns/today-today_tech/t/science-shows-you-how-win-rock-paper-scissors/#.Vvj408fzqsR.

아날로그 게임의 과학(2)

Belden, Jesse, et al., "Elastic spheres can walk on water," *Nature communications* 7(2016).

Bocquet, Lydéric, "The physics of stone skipping," *American journal of physics* 71.2(2003): 150-155.

Rosellini, Lionel, et al., "Skipping stones," *Journal of Fluid Mechanics* 543 (2005): 137-146.

아날로그 게임의 과학(3)

Diaconis, Persi, Susan Holmes, and Richard Montgomery, "Dynamical bias in the coin toss," *SIAM review* 49.2(2007): 211-235.

Esther Landhuis, "Magician-turned-mathematician uncovers bias in coin flipping," *Stanford News Service*, June 4, 2004, http://news.stanford.edu/pr/2004/diaconis-69.html.

Keller, Joseph B., "The probability of heads," *The American Mathematical Monthly* 93.3(1986): 191-197.

Klarreich, Erica, "Toss out the toss-up: Bias in heads-or-tails," *Science News*, February 25, 2004, https://www.sciencenews.org/article/toss-out-toss-bias-heads-or-tails.

Mahadevan, L., and Ee Hou Yong, "Probability, physics, and the coin toss," *Phys. Today* 64.7(2011): 66-67.

아날로그 게임의 과학(4)

Esther Landhuis, "Magician-turned-mathematician uncovers bias in coin flipping," *Stanford News Service*, June 4, 2004, http://news.stanford.edu/pr/2004/diaconis-69.html.

Erica Klarreich, "For Persi Diaconis' Next Magic Trick…," *Quantamagazine*, April 14, 2015, https://www.quantamagazine.org/20150414-for-persi-diaconis-next-magic-trick/.